福建省住房和城乡建设厅 主编

福建传统建筑系列丛书

诏安传统建筑
ZHAOAN TRADITIONAL ARCHITECTURE

刘 静 陈自动 黄庄巍 著

桥东镇仙塘村 刘静 绘

厦门大学出版社
XIAMEN UNIVERSITY PRESS

国家一级出版社
全国百佳图书出版单位

图书在版编目（CIP）数据

诏安传统建筑 / 刘静，陈自动，黄庄巍著. -- 厦门：
厦门大学出版社，2024.11
（福建传统建筑系列丛书）
ISBN 978-7-5615-9355-4

Ⅰ．①诏… Ⅱ．①刘… ②陈… ③黄… Ⅲ．①古建筑
-建筑艺术-诏安县 Ⅳ．①TU-092.2

中国国家版本馆CIP数据核字(2024)第083231号

责任编辑　郑　丹
责任校对　李芮男
美术编辑　李嘉彬
技术编辑　许克华

出版发行　厦门大学出版社
社　　址　厦门市软件园二期望海路 39 号
邮政编码　361008
总　　机　0592-2181111　0592-2181406(传真)
营销中心　0592-2184458　0592-2181365
网　　址　http://www.xmupress.com
邮　　箱　xmup@xmupress.com
印　　刷　雅昌文化（集团）有限公司

开本　635 mm×965 mm　1/8
印张　51
字数　408 千字
版次　2024 年 11 月第 1 版
印次　2024 年 11 月第 1 次印刷
定价　398.00 元

本书如有印装质量问题请直接寄承印厂调换

厦门大学出版社
微信二维码

厦门大学出版社
微博二维码

"福建传统建筑系列丛书"
编撰委员会

主　　任：蒋金明（福建省住房和城乡建设厅党组成员、副厅长）

　　　　　苏友佺（福建省住房和城乡建设厅党组成员、总经济师）

副　主　任：涂远承（福建省住房和城乡建设厅风貌办主任）

　　　　　黄汉民（福建省建筑设计研究院原院长）

委　　员：林琼华（福建省住房和城乡建设厅风貌办副主任）

　　　　　林中林（福州）　陈　琦（厦门）　林小玉（漳州）　王惠萍（泉州）

　　　　　陈昌荣（三明）　黄天寿（莆田）　李广钦（南平）　卢小其（龙岩）

　　　　　褚春林（宁德）　蒋金促（平潭）

执 行 主 编：蒋金明　黄汉民

执行副主编：涂远承

《诏安传统建筑》编撰者名单

主　　持：刘　静

摄　　影：陈自动　刘　静

撰　　文：刘　静　陈自动

调　　研：陈自动　刘　静

审　　定：黄庄巍

作者简介

ABOUT THE AUTHOR

刘静，厦门理工学院城乡风貌保护与发展研究中心负责人，副教授、工学博士、硕士生导师。祖籍河北唐山，1980 年生于宁夏银川市。

本科、博士毕业于西安建筑科技大学建筑学院，硕士毕业于长安大学建筑学院。

学术兼职：中国建筑学会建筑教育分会理事、福建省住房和城乡建设厅历史文化保护与传承委员会委员、厦门市土木建筑学会建筑专业委员会委员等。

研究方向：闽台建筑文化研究、城乡特色风貌研究、地域化乡村建设研究。近年来主持、参与福建省社会科学基金项目、自然科学基金项目等建筑历史文化相关科研项目 20 余项，出版专著 1 部，在《建筑师》《新建筑》《小城镇建设》等期刊发表相关学术论文 10 余篇。

陈自动，工学学士，现为厦门理工学院城乡风貌保护与发展研究中心工程师，1988 年生于福建省厦门市。

研究方向：城乡特色风貌研究、地域化乡村建设研究。近年来主持、参与各级政府部门委托的 20 多项地域建筑研究与乡村建设课题。

黄庄巍，厦门大学建筑与土木工程学院教授、博士生导师、国家一级注册建筑师。祖籍福建泉州，1980 年生于福建省厦门市同安县。

本科、硕士毕业于厦门大学建筑与土木工程学院，博士毕业于哈尔滨工业大学建筑学院。

学术兼职：中国建筑学会建筑史学分会理事、民居专委会学术委员、环境行为专委会学术委员，福建省住房和城乡建设厅历史文化保护与传承委员会委员，厦门市政府闽南文化传承保护委员会委员等。

长期致力于闽台建筑历史文化研究，近年来主持国家自然科学基金面上项目、省自然科学基金等多项相关研究项目，出版学术专著 2 部，在《建筑师》等期刊发表相关论文 20 余篇。

总序一

衣食住行，是人类生存必备的四个要素。其中"住"，也就是千百年来人们营造的建筑。

中国传统建筑是世界上一支独特的建筑体系，主要以土木结构为主体，独立扎根在农耕文明土壤，是东亚地区传统建筑的主体。当下，只要用中国传统技艺与材料所遗存或建造的传统建筑都可称作中国传统建筑。

传统建筑，文化古韵。它是凝固的历史，是文明的符号，是岁月的见证。

福建，由于自然环境和历史移民带来的文化交流隔阂，不但形成了三大方言群、十六种地方话和二十八种音，也形成了 11 大类 33 小类的传统民居类型。在福州，有汉民族古老里坊制人居格局的三坊七巷；在闽北，有青砖灰瓦、肃穆质朴、古风悠远的院落式民居建筑群；在闽中，有构筑奇特、聚族而居、防御性强的如城池般的土堡；在闽西南，有以土木结构、防卫性能优越且适应大家族平等聚居的世界文化遗产福建土楼；在闽南，有"出砖入石"独特风格的红砖古厝建筑；等等。这些都是八闽大地丰富建筑文化的典型缩影。

"片云凝不散，遥挂望乡愁。"了解传统建筑，不仅是为了更好地保护它们，守住我们的乡愁记忆和文化气质，增强对福建建筑的自信心和自豪感，还在于指导现实，让传统理念和元素应用于现代建筑，延续好传统、传承好历史，让传统和现代交相辉映。

福建省住房和城乡建设厅是历史文化名城名镇名村传统村落以及历史建筑、传统风貌建筑保护传承的省级主管部门。近年来，我们不断加大保护力度，已初步建立比较系统的保护名录，也对八闽地域建筑特色进行了梳理研究。如同济大学常青院士开展八闽古建筑谱系理论研究；梳理特色建筑语汇，编印《福建村镇建筑地域特色》《福建省地域建筑风貌特色》《福建传统民居类型全集》《中国传统建筑解析与传承（福建卷）》《福建古建筑》等系列书籍专刊。总体上看，虽然我们已经做了一些基础性研究梳理工作，但研究还比较粗浅，不够深入，不够全面。

为进一步保护和传承好八闽大地上一座座"真宝贝"，推动总结、提炼全省各县（市、区）地域传统建筑特色，把握八闽传统建筑精髓和发展脉络，挖掘和丰富其完整价值，探索传统与现代建筑融合发展的理念和方法，福建省住房和城乡建设厅牵头组织开展"福建传统建筑系列丛书"编撰工作，以县（市）为单位，选取区域内现有的传统建筑遗存，包括传统聚落（如历史文化名镇名村、传统村落）、传统民居（如文物建筑、历史建筑、传统风貌建筑）、乡土建筑（如祠堂、书院、教堂、廊桥、古塔、牌坊等），在精选实例基础上，进行合理分类，系统提炼地域建筑特色。

"此夜曲中闻折柳，何人不起故园情。""福建传统建筑系列丛书"悉数八闽大地珍馐，将八闽大地上一座座"真宝贝"呈现到我们眼前，让我们不论身处何方，都能感受到祖先留下的一个个温暖家园，都能从砖瓦木石间闻到家乡味道，都能在一砖一瓦间邂逅充满温情的家乡情怀，都能深切体会到乡愁记忆在延续、文脉在永久流传。

福建省住房和城乡建设厅

2022 年 8 月

总序二

GENERAL INTRODUCTION 2

泱泱中华,历史悠久,幅员辽阔,经纬纵横,建筑亦风格迥异,流派众多,并各具特色。

在众多流派中,闽派建筑以依山傍水、古厝马鞍而独树一帜,且因闽越文化、客家文化、海洋文化、侨乡文化等的互鉴交融,形成了多姿多彩的传统建筑风格和多种多样的建筑形式:有红砖白石燕尾脊、砖雕骑楼和尚头的泉州闽南风格,曲坡文脊砖间石、琉璃垂莲诗文堵的莆田莆仙风格,黑瓦粉墙长披檐、隆脊悬山木墙裙的尤溪闽中风格,黑瓦土墙大围楼、石脚门饰大出檐的土楼客家风格,灰砖门楼马头墙、白沿雕饰高柱础的建州闽北风格,白沿门楼对山墙、鹊尾重檐长悬鱼的福宁闽东风格,白墙黑瓦马鞍墙、叠板门罩山水头的福州闽东风格,硬山石墙平屋脊、小窗窄檐压瓦石的海岛风格,也有城垣城楼、土楼城堡、府第民宅、文庙书院、古道亭桥等建筑形式……尤其是数量最多、分布最广的民居,更充分展示了福建民众旧时的生活方式、喜好信仰、民俗文化和聪明才智。

这些传统建筑既蕴含着天人合一、宗法礼制等深厚的中国传统文化内涵,又充满着浓郁的人情味与独有的地域特色,是中国传统建筑文化中的瑰宝,具有重要的历史、文化、科学与艺术价值。它们似一颗颗明珠点缀于八闽大地,彰显闽人卓绝的智慧和高超的技艺。

习近平总书记在福建工作 17 年半,对福建建筑文化遗产保护和发展提出过许多具有前瞻性的思想和观点,且推动了一系列保护文化遗产的开创性实践。2002 年,时任福建省省长的习近平为福建人民出版社《福州古厝》一书撰写序言,以深邃的思考、生动的笔触,深刻揭示了戚公祠、昭忠祠、林文忠祠、开元寺等古建筑的丰富文化内涵,作出了保护好古建筑,保护好文物就是保存历史、保存城市文脉的重要论断,阐明了生态、人文环境保护和经济发展同等重要的关系。

福建省高度重视传统建筑保护工作,持续推进普查认定,深入挖掘文化遗产资源,初步建立了包括历史文化名城、街区、名镇、名村、传统村落、历史建筑、传统风貌建筑等保护对象在内的全省历史文化保护传承体系,先后制定出台了两部法规、三个政策文件。其中,《福建省传统风貌建筑保护条例》在全国是首创。

此次为深入挖掘、研究、整理福建传统建筑,更好普及福建传统建筑知识,展现八闽先人们的智慧,福建省住房和城乡建设厅组织编撰"福建传统建筑系列丛书",这既是一项宏大的、浩繁的工程,又是一项功在当代、利在千秋的基础工作。它在为人们了解和认识八闽传统建筑提供一扇窗口,奉上精美的、具有福建特色建筑文化大餐的同时,也能为传统建筑研究提供基础资料,更能为传统建筑与现代建筑融合发展提供鲜活的样板。

希望该丛书的编撰出版,能够迎来新时代地域建筑之佳构、建筑文化之鼎盛。让我们随着编撰者的叙述,开启探寻八闽传统建筑之门,在不同风格、形式的建筑中,于古老的墙、瓦、窗、椽中,去体悟匠人智慧、感受闽人乡愁。

是为序。

国 际 欧 亚 科 学 院 院 士
住房和城乡建设部原副部长
中国城市科学研究会理事长

序

INTRODUCTION

戴志坚

毕业于华南理工大学建筑学院建筑历史与理论专业，工学博士。现为厦门大学建筑学院教授，福州大学建筑学院兼职教授。中国民居建筑大师，住建部传统村落保护专家委员会副主任委员，中国民族建筑研究会民居建筑专业委员会副主任委员。福建省土木建筑学会原常务理事，福建省建筑师学会副会长。福建省文化厅及福州市、厦门市、莆田市、漳州市文物保护专家。

诏安传统建筑可视为福建传统建筑多样与复杂特征的一个缩影。

从地理上而言，诏安位于闽粤两省交界之处，有"粤头闽尾"之称。从福建到广东，闽南建筑文化与粤东建筑文化在此过渡交汇；从民系上而言，诏安兼容闽海与客家两大民系。从沿海到山区，从合院到圆楼，热烈的闽南建筑与质朴的客家建筑相对独立而又相互交融；从中西建筑的近代碰撞发展而言，诏安作为最早进入近代化的沿海地区之一，出洋归国的华侨开风气之先，经由南洋转介的西方建筑文化与中国传统建筑文化在此融合演进。在以上主要文化要素的影响下，诏安传统建筑形成了别具特色的多样面貌。

在多元文化交汇下的诏安传统建筑所具有的多样与过渡特征，使整体研究具有一定的难度。由刘静、陈自动、黄庄巍等几位中青年学者编写的《诏安传统建筑》一书，基于历年来对诏安城区、乡镇及村落的大量翔实调研，从复杂的地方建筑文化现象中梳理出诏安传统建筑的脉络和特征，勾勒了诏安传统建筑在地域分布、风貌特色等方面的多元图景。

《诏安传统建筑》由上、下两篇组成。上篇立足于整体风貌，以传统聚落、土楼寨堡、祠堂家庙、洋楼骑楼建筑等分类方式，真实记录了诏安代表性传统聚落与建筑单体之面貌。下篇着眼于建筑要素，从平面布局、山墙屋顶、木作石作等方面，全面展示了诏安传统建筑布局之规整有序、形态之多姿多彩、工艺之精湛细腻。

《诏安传统建筑》内容覆盖全面，图文精美，雅俗共赏，既可作为建筑系师生、技术工作者、研究者传承发展诏安建筑文化的专业书籍，也可作为认知诏安传统建筑文化的科普读物，帮助海内外乡亲进一步全面认识故乡之美。我认为《诏安传统建筑》是至今为止第一部全面介绍诏安传统建筑文化与艺术的专著，意义深远。

希望大家能够喜欢！

目

录

CONTENTS

三、祠堂家庙 / 154

下篇　地域建筑特色

概
述

SUMMARY

诏安县位于福建省东南边陲，地处闽粤交界处，位于闽南民系与客家民系交界区。诏安建筑文化区位以闽南文化为主要基础，兼具客家文化，同时受到潮汕文化、近代南洋文化等多种要素的影响，多种建筑文化融合衍生出了丰富的传统村落与传统建筑文化景观。

历史沿革

诏安在秦时属南海郡，为纳入中央版图之始。西汉元鼎六年（公元前 111 年），属南海郡揭阳县。东晋咸和六年（331 年）在南海郡东部析置东官郡，义熙九年（413 年），分东官郡立义安郡，析揭阳县置绥安县，诏地属之。隋开皇十二年（592 年），随绥安并入龙溪，属龙溪县。唐垂拱二年（686 年），地方属漳州辖下的怀恩县，时为南诏保。唐开元二十九年（741 年），并入漳浦县。宋为南诏场，元置屯田万户府。明嘉靖九年（1530 年），从漳浦县析出二都、三都、四都、五都置诏安县，此后至清终皆属漳州府。入民国，先后辖于福建省西路、汀漳道、龙汀省和第六、第五行政督察区。1950 年起，属龙溪地区（专区）。1985 年，撤区设市，诏安隶属漳州市。

闽客、闽粤交汇处的传统文化脉络

纵观整个诏安县地方文化发展的历史，从时间上可以归纳为古老而独特的闽越文化－以汉族融合为主体的文化碰撞－客家文化与闽南文化融合－近代南洋文化融入四个阶段。从民系与地域上可归纳为闽－客、闽－粤相互交汇融合的文化特征。

唐以前，诏安及周边地区主要的文化形态为闽越文化。根据相关的考古发现和史学研究，闽越先民自远古时代起就在福建繁衍、生息，并创造了灿烂的独具特色的原始文化——闽越文化。之后，北方汉文化南迁，在与福建土著文化不断融合的过程中逐渐成为福建文化的主体。不同年代的中原移民带来了不同时期的中原文化，像年轮一样积存于闽文化之中，层层叠加起来。漳州由于地处福建南缘，其汉蛮融合在唐初陈政、陈元光父子开漳之后才真正开始。在漫长的历史文化演变中，其本地文化要素具有中原文化影响、闽客文化交融、海洋文化东渐三大主要特征。

中原文化影响：闽南文化是中原文化与边陲闽越文化结合后相互融合的产物，其在传承中原文化的同时，亦显现出一些独特的文化表现形式。首先，闽南地区在两宋以来努力进行儒家文化建构，南宋朱熹的出现，把闽南地区从"远儒"的蛮荒之地转变为"崇儒"之地，使得闽南地区学风浓重，这点从传统村落中大大小小的书院、私塾等可以看出；其次，中原传统思想观念中的"礼"序在闽南生根发芽并孕育出独特的礼之秩序，这点在村落、民居的布局上可以体现；最后，闽南文化很大程度上以其多元宗族聚居模式为载体，以姓氏、宗族为纽带的聚居组织关系对传统村落与民居的构成、规模、布局等影响深远。

闽客文化交融：进入明清以后，随着人口逐渐增多，福佬族群与客家族群均面临人多地少的窘境。赣闽粤交界处客家族群和福佬族群逐渐向博平岭山脉两麓迁徙，客家文化逐渐进入诏安及其周边地区，并在与当地闽南族群的斗争中占得一席之地，客家文化逐渐成为诏安及其周边地区文化形态的重要组成部分。

海洋文化东渐：特殊的地理区位赋予了诏安及其周边地区开放的海洋文化。海口型的地理环境促进了长久以来该地区与外来文化的相互交融。自古以来，诏安及其周边地区就不断向海外迁徙，尤以南洋为盛。当地人迁徙至海外繁衍生息，并在近代迎来了华侨归诏置地的高潮，促使具有西方建筑特征的南洋建筑文化逐渐融入当地，形成了西方建筑要素—南洋归国华侨—近代诏安建筑的文化传播链条。诏安沿海一带的中西合璧洋楼建筑"番仔楼"就是一大例证，有的番仔楼保留了闽南传统民居的相关要素，如秀篆镇陈龙村隐庐的平面布局、坡屋顶、马背山墙等延续了传统样式，内部则融入了西洋建筑的装饰风格，形成了独具特色的"古厝洋风"景观。

地形地貌

诏安县山海兼具，内陆以山地丘陵为主，沿海则以平原地形为主。当地气候湿润，水系发达，自然地理环境对诏安传统村落及传统建筑文化景观的形成具有重要影响。

不同的地形地貌对于一个地区的历史文化形成具有重要的影响。客家民居之所以能够较好地留存至今，与客家民居文化区多山少平地、地形条件较为复杂，外界较难进入有很大的关系。福建地理环境素有"八山一水一分田"之说，在福建整个多山的大环境下，诏安也不例外。诏安自东南向西北，由平原逐渐过渡到山地，海拔呈倾斜状和台阶状，山势走向由西北向东南逐渐降低。境内地貌环境种类丰富，传统村落及传统建筑在不同的地形地貌条件下呈现不同的布局形态及特征。从西北至东南，随着地貌条件由山地—丘陵—平原—滨海过渡，诏安传统建筑的类型与村落的布局也在发生着变化。

气候特征

气候对传统建筑有着直接影响。它既影响传统建筑的形式，也影响其空间布局与建筑的细部等多个方面。在建筑设计方法与科学技术不发达时期，气候是影响传统建筑平面形制、建筑材料等的最主要的因素之一。

诏安县属南亚热带海洋季风气候，气候温暖湿润，年平均气温较高，夏天降雨量较多，出现了雨热同期的现象，这也使得通风、遮阳、隔热等问题成为影响诏安地区民居平面形制及传统村落布局的关键因素。

除了持续时间较长的雨热同期现象，诏安全年平均湿度较高，防潮对于当地传统建筑也至关重要。由于诏安靠近夏季风的风源地，受台风的影响程度较深且时间较长，每到夏秋之季常有台风侵袭，并带来大量的风沙与盐碱，因此防台风也是诏安传统建筑尤其是沿海地区的建筑在设计建造时需要重点考虑的因素。

闽南—客家民系交汇形成的多样建筑风貌

诏安地形地貌丰富，从东南沿海到西北山区呈现出滨海—平原—丘陵—山地的地形地貌景观。从民系分布上而言，说闽南语的闽南人多聚居东南沿海平原，说客家话的客家人多聚居西北山区，形成了"东南闽—西北客"的过渡趋势。诏安境内不同片区因民系、地形地貌、气候等因素衍生出不同的传统建筑类型，大致呈现如下分布特征：

东南片平原及滨海地带（南诏镇、深桥镇、桥东镇、四都镇、西潭镇等）为闽南民系区，那里的建筑呈现出闽南传统建筑风格并受到潮汕传统建筑影响，在色彩、细部装饰等方面有所变化，形成兼具两地建筑特征的闽南传统建筑。

西北片山区（官陂镇、秀篆镇、霞葛镇等）为客家人聚居地，属客家民系区。带有防御功能的客家土楼建筑是当地主要传统建筑类型。在那里，星罗棋布地矗立着数百座形状各异的土楼（土寨、土堡），每一座土楼里的居民同宗共祖，聚族而居，

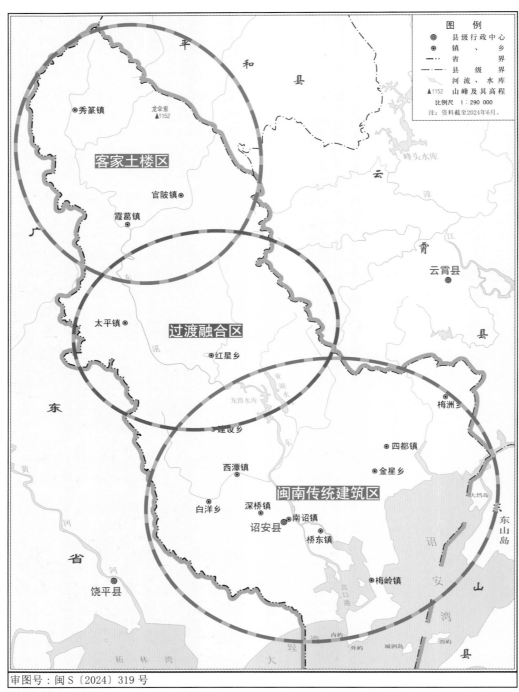

图 例

◎ 县级行政中心
◉ 镇、乡
— 省　　　界
—‧— 县　级　界
 河流、水库
▲1152 山峰及其高程
比例尺　1：290 000
注：资料截至2024年6月。

客家土楼区

● 秀篆镇

龙伞鬃
▲1152

官陂镇 ◉

霞葛镇

过渡融合区

太平镇 ◉

红星乡 ◉

梅洲乡 ◉

四都镇 ◉

西潭镇 ◉

金星乡 ◉

闽南传统建筑区

白洋乡 ◉

深桥镇 ◉

南诏镇 ◉

诏安县 ◎

桥东镇 ◉

梅岭镇 ◉

饶平县 ◎

审图号：闽 S〔2024〕319 号

诏安传统建筑分区示意图

在大屋檐下，又分成各自小家庭的单元。土楼大都遵循以祖祠为中心的平面布局原则，象征着对祖宗的崇敬和家族的和睦团结。这种用黄土夯筑的大型民居多数建造于明清时期，在近现代和新中国成立后也有建造。

中部（太平镇、红星乡、建设乡等）的丘陵及山地为闽客过渡区，闽南人与客家人混居，因此该地区也是土楼与闽南传统建筑过渡区，两种建筑类型共存交融，衍生出土寨、土堡等闽客兼具的过渡建筑形式。

闽南—潮汕地域过渡形成的融合建筑风貌

东南片平原及滨海地带（南诏镇、深桥镇、桥东镇、四都镇、西潭镇等）的闽南民系区，是闽南传统建筑与潮汕传统建筑的融合过渡区。当地的传统建筑主要继承了闽南传统建筑

大美村明哲祖祠

的风格，同时也受到潮汕传统建筑风格的影响，兼具两地建筑特征。

色彩是建筑的重要构成要素，能够在一定程度上反映建筑的地域风貌特征。该区域传统建筑的立面形式虽然为闽南传统建筑风格，但整体色彩已十分接近潮汕的

华表村追远堂

灰白风格，闽南红砖元素十分罕见，或仅作为局部点缀使用。同时在山墙、屋脊等部分，已具有一定的潮汕风格特征。

中西合璧的骑楼、洋楼建筑

从 19 世纪初开始，闽、粤地区出洋逐渐形成高潮。这个时期，闽南地区向东南亚各殖民地移民规模达百余万人。大批闽籍华侨赴南洋谋生，除了在工作中学习到近代的科学技术与经营手段，也接触到侨居地与殖民者的文化，并逐渐接受西化的、近代化的生活模式。这其中就包括诏安当地的华侨，他们在国外经过一段时间的经营有了一定的积蓄，一部分人衣锦还乡，定居家乡，便倾向于采用洋楼的建筑形式来营建住宅。选择洋楼建筑，一方面符合他们对西化、近代化的居住模式的认同，另一方面也可以彰显他们海外归来的

天然楼

身份，同时完成传统意义上"衣锦还乡""光前裕后"的使命。引入的南洋建筑风格与当地的闽南传统建筑风格相融合，造就了中西合璧的洋楼建筑。

骑楼也是近代极具特色的建筑类型。1930 年，国民党第 49 师师长张贞驻防漳州，修建诏安县的中山路（通济桥—大路尾），全长 870 米，宽 12 米，两旁修建

诏安县图书馆

中山东路骑楼

3～4层高的骑楼，俗称"五脚基"。此工程可谓诏安县城第一个"旧城改革"工程，在当时是一项十分浩大的工程。建成以后，一楼均开商号，商贾云集，成为诏安县城商业最活跃的街区，并以其西洋风格建筑而令过往者注目。

中华礼制文明的载体——诏安牌坊建筑

牌坊是体现中华礼制文明的一种建筑形式，而诏安以牌坊众多著称，这从侧面反映出宋代以来诏安社会经济文化发展所取得的辉煌与成就。

自宋以来，诏安人文鼎盛，骚人韵客、硕儒名臣炳彪史册。据史料记载，宋至清代诏安考中进士为官者达103人。诏安置县后，历任知县多重文兴教，倡导礼仪，

天宠重褒坊

教化渐开，文风日盛。"诗礼传家"成为时尚，外出为官者亦成为家乡父老的骄傲。因此，建功名，立功德，成为人们追求的目标。忠孝节义寿作为衡量民众的道德标准和荣耀，构成了诏安牌坊的建造背景。

夺锦坊

诰敕申貤坊

官陂镇凤狮村凤山楼

秀篆镇陈龙村龙潭家庙

明代石牌坊——诰敕申赐坊

桥东镇仙塘村

霞葛镇司下村南乾楼

红星乡西埔村民居近景

西潭镇新春村

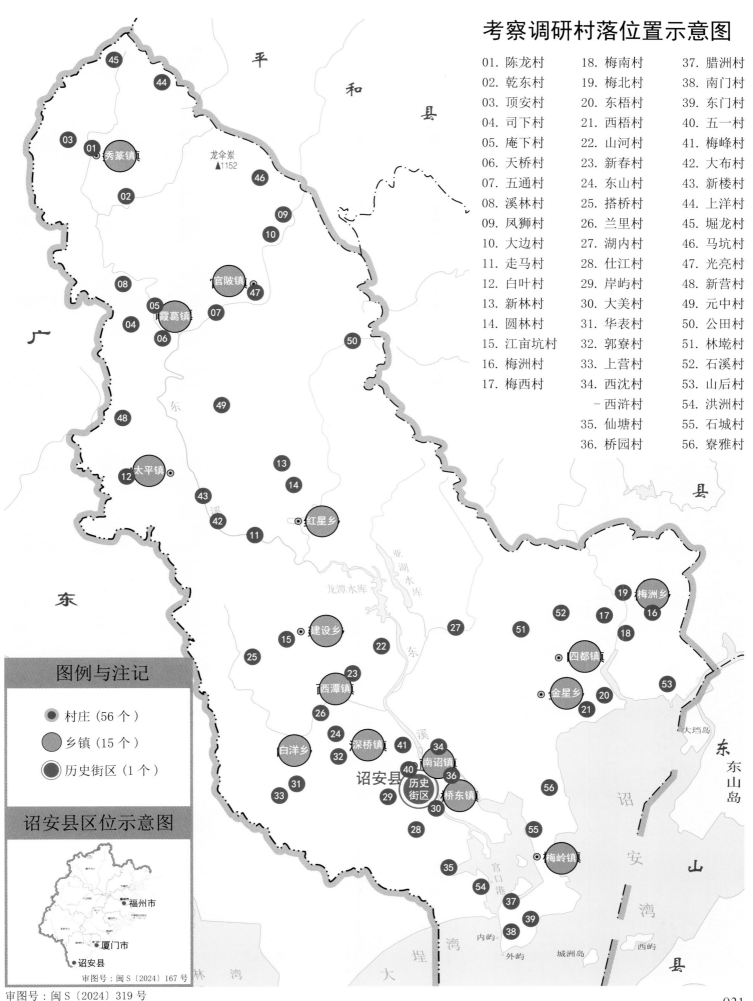

考察调研村落位置示意图

01. 陈龙村	18. 梅南村	37. 腊洲村
02. 乾东村	19. 梅北村	38. 南门村
03. 顶安村	20. 东梧村	39. 东门村
04. 司下村	21. 西梧村	40. 五一村
05. 庵下村	22. 山河村	41. 梅峰村
06. 天桥村	23. 新春村	42. 大布村
07. 五通村	24. 东山村	43. 新楼村
08. 溪林村	25. 搭桥村	44. 上洋村
09. 凤狮村	26. 兰里村	45. 堀龙村
10. 大边村	27. 湖内村	46. 马坑村
11. 走马村	28. 仕江村	47. 光亮村
12. 白叶村	29. 岸屿村	48. 新营村
13. 新林村	30. 大美村	49. 元中村
14. 圆林村	31. 华表村	50. 公田村
15. 江亩坑村	32. 郭寮村	51. 林埒村
16. 梅洲村	33. 上营村	52. 石溪村
17. 梅西村	34. 西沈村	53. 山后村
	—西浒村	54. 洪洲村
	35. 仙塘村	55. 石城村
	36. 桥园村	56. 寮雅村

图例与注记

● 村庄 (56 个)

⬤ 乡镇 (15 个)

◉ 历史街区 (1 个)

诏安县区位示意图

审图号：闽 S〔2024〕167 号

审图号：闽 S〔2024〕319 号

上篇

传统建筑实例

自古以来，宗族观念深远地影响着闽粤大地，也是诏安传统村落与民居形成的精神内核。宗族组织关系在某种程度上决定着传统民居和村落的外在表现，如闽南大厝与客家土楼的规模和空间形态即为其自身宗族社会组织关系的折射。

　　闽粤宗族文化强盛，族人不惜耗费大量金钱和物资来建造属于他们自己家族的宗祠建筑。诏安的闽南传统风格宗祠建筑主要分布于东南沿海片区，其建筑风格兼具闽潮两地特征，特别是当地传统装饰艺术特色，在诏安宗祠建筑上体现得淋漓尽致。

　　在诏安西北部山区，早年迁徙而来的客家人多以宗族、家族为单位，同宗族的族人聚集而居，所以防御性较强的围合式土楼和寨堡成为群居建筑的首选。宗祠建筑往往也出现在土楼内部最中心的位置，是族人祭祖朝拜的场所。

　　牌坊是诏安常见的一种典仪建筑形式。自宋朝以来，诏安大兴文化教育，推崇儒家思想，把忠孝节义寿作为衡量民众的道德标准和荣耀。牌坊作为承载这一传统理念的物质载体，一直受到人们的追崇。

　　随着大批归国华侨衣锦还乡和漳州近代城市化建设的推进，外来先进的建造技术和样式与当地的传统建筑风格相结合，使近代的诏安出现了中西合璧的洋楼、骑楼建筑。

一、传统聚落

　　诏安传统聚落大致分为西北片山区聚落和东南片平原聚落两部分。从民系分布上而言，说闽南语的闽南人多聚居于东南沿海平原，说客家话的客家人多聚居于西北片山区，形成了"东南闽—西北客"的过渡趋势。西北片山区客家聚落属高山偏远聚落，大多依山而居，人口相对稀少，交通较为不便，保存相对完好。东南片闽南聚落人口密集度高，近年来由于人口快速增长，聚落规模不断扩张，大多数传统聚落出现较多的新建农房建筑，呈现出新旧建筑风貌共存的景象，是当地大多数传统聚落的现状。

　　目前，诏安拥有省级历史文化街区1个，中国传统村落2个，省级历史文化名村4个，省级传统村落5个，总计1个挂牌历史文化街区，9个挂牌古村落，为数众多，均匀分布于全县（具体名单详见附录）。

仙塘村聚落近景鸟瞰一

桥东镇仙塘村

　　仙塘村始建于明永乐二年（公元1404年），距今已有600余年历史。仙塘自古以来就是富庶的鱼米之乡，风景雅致迷人。俯视仙塘村全景，中间山头上的城堡貌似挺拔的莲蓬，山头下四周依山而建的民居恰如莲花瓣，这样一处"莲花宝地"，恰是郊游的好去处。传说古时有文人雅士来此踏青，见此景致，脱口而出："真乃仙人居住之地也"。又见有数十口大池塘环绕村子外围，故将该村命名为"仙塘"。

仙塘村聚落近景鸟瞰四

仙塘村聚落近景鸟瞰二

仙塘村聚落近景鸟瞰三

仙塘村聚落湖边小道

仙塘城堡外部石墙

仙塘村聚落近景鸟瞰五

仙塘村聚落沿湖近景

仙塘村聚落古厝巷道组图

仙塘村聚落近景鸟瞰六

西沈村 - 西浒村聚落局部垂直总图一

桥东镇西沈村 - 西浒村

　　缘起西浒：南宋德祐二年（公元1276年）置屯西浒，建有庵雅寨，沈姓人主要聚居于以庵雅寨为中心的现状村庄东部。

　　西迁西沈：明代诏安沈氏楸公派下二房子孙建村，谓东沈（习惯改叫西沈），于庵雅寨西部建设以七圣宫、天曹宫、西沈外祖祠、西沈大宗祠为代表的建筑群，村民居住点向此处转移。

　　再度西进：人口增多，原本的聚居规模不能满足人口增长的需要，于是村庄进行扩建，在原有七圣宫、西沈大宗祠等建筑群的基础上向东西扩建，建筑群北部也开始建设龙桥祖祠、岸美祖祠等建筑。

　　初具规模：至20世纪50—70年代，村庄规模逐步扩大，主要是向北、西发展，以石头建筑为主。

　　"大西沈"村落位置体现了古人背山面水的选址原则：首先"大西沈"背靠河港山，北部高大的山脉阻挡了南下的寒冷气流，为山谷开阔地带营造了一个相对温暖的环境；其次谷地平坦开阔，阳光充足，是为明堂，村落南部面向浒溪，潺潺流水婉转而过，为此地增添了生机与灵动，同时充足的水源也便于饮用和农田的耕作；再者村落西南部的南山等山脉与河港山、大坪山相望，朝拱之山营造了山间谷地相对幽静的小环境。

　　西沈村 - 西浒村于2016年入选福建省第五批省级历史文化名村。

西沈村 - 西浒村聚落近景

西沈村 - 西浒村聚落局部鸟瞰一

西沈村 - 西浒村聚落沿湖近景

西沈村 - 西浒村聚落宗祠广场

西沈村－西浒村聚落局部鸟瞰二

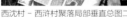

西沈村－西浒村聚落局部垂直总图二

西沈村－西浒村聚落局部鸟瞰三

西沈村－西浒村聚落古厝巷道组图

秀篆镇顶安村

顶安村历史悠久，位于秀篆镇西面。村内有多座土楼，居民聚族而居，现规模较大保留较完整的土楼为清代建造的拱北楼，是诏安县第十四批县级文物保护单位。"古树高低屋，斜阳远近山。林梢烟似带，村外水如环"就是似诗如画的顶安古村落的真实写照。依山傍水而建的古厝，黄泥的墙，青灰的瓦，苍翠的古树，湛蓝的天空，画面极其调和。没有城市的喧闹声，没有城市的车水马龙，坐落在大山脚下的顶安村显得格外宁静干净。

顶安村聚落局部鸟瞰一

顶安村聚落局部鸟瞰二

顶安村聚落近景一

顶安村聚落传统民居一

顶安村聚落近景二

顶安村聚落近景三

顶安村聚落传统民居二

顶安村聚落古厝巷道一

顶安村聚落传统民居三

顶安村聚落近景四

顶安村聚落古厝巷道二

陈龙村聚落局部垂直总图

秀篆镇陈龙村

　　陈龙村历史悠久，村内有多座土楼，居民聚族而居，现规模较大保留较完整的土楼有龙潭楼、
光裕楼、长源楼、东泰楼等。这些土楼建筑独具特色，大小不一，用生土夯墙，卵石砌墙基，其形
状主要为圆形和方形。

陈龙村聚落沿湖鸟瞰一

陈龙村聚落沿湖鸟瞰二

陈龙村聚落沿湖近景

陈龙村聚落圆楼

陈龙村聚落土楼巷道一

陈龙村聚落土楼巷道二

陈龙村聚落土楼巷道三

陈龙村聚落土楼巷道四　　　　　陈龙村夯土墙外景一　　　　　陈龙村夯土墙外景二　　　　　陈龙村夯土墙外景三

霞葛镇司下村

司下村的主要姓氏为江氏，相传元朝至正年间，江氏先祖江光裕公父子一家在霞葛南墘定居，始筑村落，劳心经营，忠良兴族，距今有600余年。该村位于诏安县霞葛镇西北部，下辖司昌楼、南昌楼、大坪巷、才子巷、南乾、眼下和下垅子等7个自然村。

村庄地处圆形的盆地之中，四周环山，中央为平原，环境优美。七个自然村相对集中，呈现散点式分布，形成团簇状聚落形态，建筑主要沿路分布。土楼背山面池，是原始的生态型的绿色建筑，也是各自然村的中心。村内其余建筑以土楼为中心向四周展开。司下村在山水环境中逐渐形成了自己独具特色的"远山—近水—土楼—田园"的村落布局，呈现出趋水、有利于农业生产的空间特征，展现了农耕时代人们改造自然、建设美丽家园的高超技艺和非凡智慧。司下村于2020年入选福建省第三批省级传统村落。

司下村聚落近景鸟瞰一

司下村聚落土楼群之一

司下村聚落土楼群之二　司下村聚落土楼群之三

司下村聚落近景鸟瞰二

司下村聚落土楼群之四

司下村聚落沿湖近景

司下村聚落土楼巷道

司下村聚落土楼巷道组图

官陂镇凤狮村

　　凤狮村以凤山楼和狮子口各一字命名。几百年前，　悠悠的溪水从平和大芹山缓缓流下。一百多座庞大的土楼在一两百年间依照山势地形而建，其布局有圆形、四角形、半圆形、椭圆形、正方形等形制。土楼建造特点展现了传统建筑文化的魅力，同时也体现了客家人世代相传，以家族为核心，以血缘为纽带，聚族而居的居住模式。凤狮村于 2015 年入选福建省第一批省级传统村落。

凤狮村聚落圆楼之一

村聚落古厝巷道

凤狮村聚落土楼巷道一

凤狮村聚落土楼巷道二

凤狮村聚落沿湖近景

凤狮村聚落土楼巷道三

凤狮村聚落传统民居

官陂镇大边村

　　大边村以大楼（在田楼）和庵边各取一字命名。这里，溪中温泉汩汩而出，在山坳处的圆楼，蕴育着客家风情的血液。

　　大边村坐落于诏安第一高峰龙伞岽山脚下，分布于溪流两岸，地势平坦，四周群山环抱。大边村各方面均符合古代村落选址要求，是天时地利人和的融洽之境，自然生机盎然。这样的环境既有利于通风、挡寒、排水、去污，又能获得农业社会所需的一切生存资源，营造了一个自给自足又相对安逸的生存环境。村内土楼集中成片，建筑高低错落，大小不一，采用生土夯墙、卵石砌墙基、木瓦结构屋顶。大边村于 2015 年入选福建省第一批省级传统村落。

大边村聚落局部鸟瞰一

大边村聚落土楼巷道一

力村聚落局部鸟瞰二

大边村聚落局部鸟瞰三

大边村聚落沿湖近景

大边村聚落土楼巷道二

大边村聚落土楼巷道三

大边村聚落传统民居　　　　　　　　　　大边村聚落混合墙外景　　　　　　　　　　大边村聚落鹅卵石墙外景

西梧村聚落局部鸟瞰一

四都镇西梧村

相传在大梧的中心地带"岐美堂"东北侧，有干年梧桐树一株（此树于1989年枯萎），全村以吴氏为主姓，故取名"大梧"寓复梧桐引凤。大梧村于1962年以中兴路为界一分为两村，东为东梧村，西为西梧村。

西梧村坐落在诏安湾内的最深处，是四都镇南部的一个以海水养殖、滩涂讨海与捕捞业为主的渔业村。村内坐拥方、圆两栋土楼建筑，宫庙、宗祠串点成珠，形象表达了无规矩不成方圆的严谨族风。各居民点则以宗祠、水井、古树为核心，向四周繁衍发展，形成大祖前和松仔脚两处古建筑群。西梧村于2020年入选福建省第三批省级传统村落。

西梧村聚落局部鸟瞰二

西梧村聚落古厝巷道一

西梧村聚落局部垂直总图

西梧村聚落沿湖近景

西梧村聚落古厝巷道二

西梧村聚落古厝巷道三

西梧村聚落古厝巷道组图

西潭镇新春村

　　新春村是诏安县西潭镇辖下的行政村，位于西潭镇政府驻地东部，是西潭镇溪东各自然村"交通咽喉"。该村地势平坦，村主要居民点内保留成片的闽南传统风貌古建筑群，规模较为完整。古建筑群主要分为四类：祠堂群、内寨式、拖车式、公厅式，共三十多座，总面积达 1.8 公顷。古老的"五代百岁祠"、嘉庆皇帝钦赐的"贞寿之门"金匾、"跨路石牌坊"、"国子壳大寨"、"五马拉车古寨"印证了新春村古老深厚的文化气息。新春村于 2020 年入选福建省第三批省级传统村落。

新春村聚落局部鸟瞰一

新春村聚落局部鸟瞰二

新春村聚落局部鸟瞰三

新春村聚落局部鸟瞰四

新春村聚落近景鸟瞰

新春村聚落传统民居近景

新春村聚落古厝巷道组图

山河村聚落局部鸟瞰一

山河村聚落局部垂直总图

山河村聚落传统民居

山河村聚落局部鸟瞰四

西潭镇山河村

清康熙十六年（1677 年），雍穆祖携同外老祖（文山人，精通天文地理），精心实地勘察，兴建震山祖祠，并在祖祠东、北、西面建起 20 多间房子，围成一个小寨。得风水宝地后，人丁兴旺，原来居住的黄姓、西巷沈姓和许姓人氏逐渐减少，后或移居或融为沈姓。

山河村选址在鸡笼山南面山脚下，北靠该村与红星乡接壤的连绵群山，东傍本县母亲河东溪源头主流；南迎东溪数条支流，在早期还有通航之用；西接连绵数百亩的肥沃田园。在村落与田园连接处，卧躺着两条汇聚群山泉流的水带，与东溪支流交汇。该村背山面水，且处于河流（东溪支流）弯曲内侧，被河流环抱，各方面均符合古代村落选址要求。该村传统建筑成片集中分布，主要分布在村落的南部，是山河村的核心部分，具有较高的研究价值。山河村于 2012 年入选福建省第四批省级历史文化名村，于 2014 年入选第三批中国传统村落。

山河村聚落局部鸟瞰二 山河村聚落局部鸟瞰三

山河村聚落局部鸟瞰五

山河村聚落局部鸟瞰六

山河村聚落古厝巷道一

山河村聚落古厝巷道二

山河村聚落古厝巷道三

山河村聚落古厝巷道四　山河村聚落古厝巷道五　　　　　　　　　山河村聚落原住民一　　　　　　　　　　山河村聚落原住民二

深桥镇仕江村

　　仕江村村域地形走势南高北低，南面为南山，中部为西溪，北侧为村庄居民点所在地，形成青山、良田、溪流、村居交错，风景秀丽的景象。村落自建村至今已有700多年历史，仍保留着较为完整的历史格局，以龟形墩埠为中心的葫芦形仕渡堡以及浮水莲花形格局意象要素依然存在。该村明清时期的传统风貌建筑遗存较多，多为砖瓦、土木、石结构，木雕工艺精美，建筑装饰呈现沿海村落特色。核心区以长东巷、石路巷、红坑巷为代表的多条传统街巷肌理仍保存完好，街巷脉络清晰，空间尺度宜人。仕江村于2019年入选福建省第六批省级历史文化名村。

仕江村聚落局部鸟瞰一

仕江村聚落古厝巷道一

仕江村聚落沿湖近景

仕江村聚落古厝巷道二

仕江村聚落古厝巷道三

仕江村聚落局部垂直总图

金星乡湖内村

　　湖内村地名称谓始于南宋，因该村四周环山，形成盆地，状如湖泊，故而得名。建村于南宋年间（约公元 1170 年），至今已有 800 多年历史。

　　湖内村选址于国家森林公园乌山地带，佛教圣地九侯山南麓。村落四周群山环绕，多座挺拔翠绿的山脉宛如游龙，从四周聚向湖内古村。村落所在地为典型的丘陵山区的山间盆地，盆地中部镶嵌着多座起伏的小山岗和一条蜿蜒流经村落的湖内溪（初稽溪），该溪从九侯山东侧自东向西迂回流向诏安东溪。湖内村选址深受中国古代先民建筑设计理念的影响，各自然村选址和规划建设都符合传统的"枕山岗，面流水，一望无际"的原则。

　　湖内村建村至今，具有重要历史影响、科研价值的文物遗存主要有：义士祖祠、长田革命旧址歪嘴寨、茂林楼、大夫家庙、古墓群（五座）、霞山祖祠、龙冲自然村土楼群三处共四座、宝村楼、厚福寨、中共闽南乌山游击队练兵场一处、炮楼二座、宋末元初高安寨古城古战场遗址一处 (700 多公顷)。这些多是明、清时期遗留的文物，建筑设计科学、造型精美、内涵丰富，处处体现出湖内悠久的历史与先祖的聪明才智，具有极高的文物研究价值。

　　湖内村于 2016 年入选福建省第五批省级历史文化名村，于 2019 年入选第五批中国传统村落。

湖内村聚落局部鸟瞰一

湖内村聚落局部鸟瞰二

湖内村聚落局部鸟瞰三

湖内村聚落局部鸟瞰四

湖内村聚落石砌水渠

湖内村聚落古厝巷道一

湖内村聚落古厝巷道二

梅洲乡古厝聚落局部鸟瞰一

梅洲乡古厝聚落

　　梅洲古厝聚落历史悠久，最早可追溯至南宋绍兴年间，迄今已有 800 多年的历史。梅洲原来只是梅港里面的一个小岛，有莲花宝地之美誉，这里阡陌交错、依山临溪、土地肥沃。梅洲开基祖吴大成公眼光独到，觅得此宝地佳域，其后子孙繁衍，人杰地灵，英才辈出，代不乏人。

　　梅洲乡古厝聚落包括梅洲、梅溪、梅东、梅南、梅西、梅北等村落，内部留存大量古厝，传统格局保存良好，古街巷、古树、水池等环境要素也延续了原有面貌。古厝群整体规划颇具慧识卓见，排列井然有序，布局精巧，绝大部分民居坐西北朝东南，冬暖夏凉。梅洲聚落文化底蕴深厚，人文景观与自然景观密切融合。

梅洲乡古厝聚落局部鸟瞰组图

梅洲乡古厝聚落巷道组图

二、诏安土楼、寨堡

诏安西北片山区分布着大量生土夯筑的客家土楼建筑。诏安土楼是福建土楼的一种，多为 2 或 3 层，其形制有方形、圆形、椭圆形、半月形等，分别称为方楼、圆楼、椭圆楼、半月楼等。无论哪种形制的土楼，一般都是沿中轴线对称布局，重要建筑功能空间均分布在中轴线之上，如主门、厅堂、祖堂等。

诏安土楼大多依山傍水而建，布局合理实用。其采用群居的方式建造，自成一体，成为有利于防御的建筑模式。除了建筑牢固、防御性强、结构十分具有特色外，其内部门廊、檐角、梁架等也极具特色，是具有很高艺术美感的多层生土建筑。

随着土楼这种建筑形式的扩张，在局部地区，演变出类似土寨、土堡的合院式夯土建筑，其规模更加宏大。

凤山楼垂直总图

官陂镇凤狮村凤山楼

　　凤山楼始建于 1726 年，坐落于诏安县官陂镇凤狮村，属于双环通廊式圆形土楼，其中心位置建有祖堂。楼高三层，以普通夯土筑成，直径 71 米，墙高 8.3 米，底墙厚 2 米，较为罕见。该楼共 42 开间，三层共 126 间，每间有独立入户门和楼梯出入，三楼全楼形成回廊互通。由于此楼定址造型使用了通常五凤楼前低后高之手法，楼后弦比前面稍高，比通常一楼通平的圆土楼更显动势。该楼现为不可移动文物。

凤山楼正面鸟瞰

凤山楼正面透视

凤山楼侧面鸟瞰

凤山楼"楼包"巷道

凤山楼内部情景一

凤山楼内部情景二

凤山楼楼门

水美楼正面透视

官陂镇大边村水美楼

　　水美楼始建于明末天启年间（1622年），原名龙溪楼，为单元式三层圆楼，外直径75米，楼高约10米。大门朝东南开，内外两环，内环单层，外环三层，院内中轴线上有一座宗祠，古井一口。楼外墙墙裙由块石砌筑，上为生土夯筑。

水美楼垂直总图

水美楼夯土墙

水美楼楼门

水美楼拱券大门

二、诏安土楼、寨堡　079

水美楼祖堂轴线鸟瞰

水美楼内部情景一

水美楼内部情景二

官陂镇大边村玉田楼

　　玉田楼始建于康熙年间（1682年），为单元式二层圆形土楼，外直径70米。内外两环结构，内环一层，外环两层，共36个单元。楼大门朝东南开，内设宗祠，楼内广场有古井一口。楼外墙墙裙由块石砌筑，上为生土夯筑。楼名取"玉田"，源于洛阳晋人阳伯雍于无终山，为父母守孝为行人施"义浆"（食物茶水）感动神仙，赠石子播种收获玉璧之故事。训诫子孙处世立身要积德行善，乐善好施，好心方有好报。

玉田楼侧面鸟瞰

玉田楼垂直总图

玉田楼正面透视

玉田楼楼门

玉田楼局部

玉田楼祖堂轴线透视

玉田楼内部情景一

玉田楼内部情景二

玉田楼"楼包"巷道

玉田楼内部情景三

南乾楼垂直总图

南乾楼内部祖堂

南乾楼侧面鸟瞰

霞葛镇司下村南乾楼

　　南乾楼建于 1950 年代，为单元式结构方楼，四角抹圆。大门朝西北开，楼有两层，楼中央设宗祠，楼前设有半月塘，背靠山丘。该土楼是司下村江氏发源地，孝廉文化在本村源远流长，南乾楼作为江氏祠堂，一直以来承载着浓浓家风。近年来，政府对其进行整体加固、改造，着重留存原有客家文化资源，并将南乾土楼定为霞葛镇移风易俗示范点的载体，营造孝廉家风、廉洁新风的文化氛围。

南乾楼内部鸟瞰

南乾楼单元式空间局部

南乾楼内部情景一

南乾楼立面透视

南乾楼内部情景二

南乾楼内部鹅卵石地面

南乾楼门道

南乾楼祖堂内部

霞葛镇司下村南昌楼

南昌楼建于清代，为单元式圆楼，单环两层土木结构。建筑直径 43 米，共设 28 个单元，楼院内有一口方形古井。楼开一门，面朝正南，楼前设有半月塘，楼外有一围楼包。

南昌楼正面鸟瞰

南昌楼垂直总图

南昌楼正面透视

南昌楼内部情景

霞葛镇司下村嗣昌楼

　　嗣昌楼建于清末民初，为土木结构，单环三层单元式圆楼。建筑直径37米，共设26个单元，楼院内地面铺设卵石，楼外墙墙裙由卵石砌筑，上为生土夯筑。楼大门正对单元设祖祠，楼院内有一口方形古井。楼开一门，面朝东南，楼前设有半月塘。

嗣昌楼正面透视

嗣昌楼垂直总图

嗣昌楼内部情景

嗣昌楼局部

嗣昌楼门道土墙

嗣昌楼单元式空间局部

嗣昌楼正面鸟瞰

永昌楼正立面

霞葛镇司下村永昌楼

　　永昌楼建于清末民初，为单环两层单元式圆楼。建筑直径约 39 米，共设 26 个单元，楼院内地面铺设卵石，楼外墙墙裙由块石垒砌，上为生土夯筑。楼院内有一口方形古井，楼大门正对单元设祖祠，楼开一门，面朝东偏北，楼前设有半月塘。

永昌楼楼门

永昌楼祖堂正面透视

永昌楼垂直总图

永昌楼夯土墙

永昌楼侧面鸟瞰

永昌楼内部情景

永昌楼门道

南阳楼垂直总图

南阳楼楼门

南阳楼石门

霞葛镇庵下村南阳楼

　　南阳楼建于民国时期，为单环两层单元式圆楼。楼院内有一口圆形古井，楼开一门，面朝东偏北，楼内立面多有改建，楼外立面基本保持原状。楼前设有半月塘，楼外有一围楼包。

南阳楼近景鸟瞰

南阳楼远景鸟瞰

南阳楼正立面

南阳楼夯土墙

南阳楼内部情景一

南阳楼内部情景二

南阳楼内部情景二

南阳楼门道屋架

霞葛镇天桥村绍兴楼

　　绍兴楼始建于清代，为三层圆楼，单元式结构。内外两环：外环三层，内环一层。正中为祖祠，楼内设古井一口，大门朝东北开，楼外立有三根石旗杆，石雕精美。楼外墙墙裙由块石垒砌，上部为生土夯筑。

绍兴楼侧面鸟瞰

绍兴楼垂直总图

绍兴楼祖祠门楼

绍兴楼楼门 　　　　　　　　　绍兴楼旗杆石

绍兴楼祖祠内部梁架

绍兴楼正立面

绍兴楼旗杆石基座石雕

绍兴楼祖祠正面透视

绍兴楼内部情景

东泰楼正立面

秀篆镇陈龙村东泰楼

　　东泰楼始建于清朝，为两层土木结构方楼，长38米，宽36米，单元式结构形制，共22个单元。东侧后墙两侧墙角均抹圆夯筑，楼大门朝西开，门楣上置"东泰楼"石匾。楼前有半月形水池，楼院内正对楼大门的单元为祖堂。楼外墙墙裙由卵石砌筑，上部为夯土墙。

东泰楼侧面鸟瞰

东泰楼楼门

东泰楼瞭望窗

东泰楼单元式空间局部

东泰楼内部情景

东泰楼祖堂正立面

东泰楼内部梁架

秀篆镇顶安村拱北楼

拱北楼是秀篆王（游）氏十一世祖游道熠公所建，至今有 270 多年历史，是一座四方形的单元式与通廊式相结合的土楼，于 2011 年修复完工。土楼占地面积约 3300 平方米，分为三层，共 20 个单元，每个单元一户，采用独立性与公共性结合的设计手法，一个楼梯通二楼，要上三楼则须通过进门右侧的公共楼梯上去，三楼有通行四周的走马廊和 22 间房。诏安客家族人所建造的土楼多为圆形，类似拱北楼这种方形楼较为罕见。该楼现为县级文物保护单位。

拱北楼正面鸟瞰

拱北楼正立面

拱北楼近景

拱北楼近景鸟瞰

拱北楼"楼包"巷道

拱北楼祖堂轴线鸟瞰

拱北楼楼门

拱北楼门道

拱北楼单元式空间局部

拱北楼檐口

拱北楼内部情景

龙潭楼楼门　　　　　　　　　龙潭楼正立面　　　　　　　　　　　　　　龙潭楼内部情景

龙潭楼垂直总图

秀篆镇陈龙村龙潭楼

　　龙潭楼始建于民国三十年（1941年），为单元式三层不规则圆形土楼，共有 52 个单元，规模宏大。楼大门朝西南开，门楣上置"龙潭楼"石匾。院内有一口井，外形似八卦，地面铺设卵石。楼外墙墙裙由块石垒砌，上部为夯土墙，二三层皆开有小窗洞。

龙潭楼正面鸟瞰

光裕楼正面透视

秀篆镇陈龙村光裕楼

光裕楼建于民国时期，为三层单元式圆形土楼，楼内有 28 个单元。楼大门朝西南开，门楣上置"光裕楼"石匾。楼前半月形水池与楼外簸箕形围楼遥相呼应。楼外墙墙裙由块石垒砌，上部为夯土墙，二三层皆开有小窗洞。

光裕楼侧面鸟瞰

光裕楼垂直总图

光裕楼楼门

光裕楼内部情景

光裕楼夯土墙

光裕楼挑檐

光裕楼内部古井

光裕楼单元式空间局部

秀篆镇乾东村青龙楼

　　青龙楼始建于公元1963年，为三层单元式土楼，直径约60米，共设40个单元。外墙墙基由块石砌筑，上部为生土夯筑。楼开一门，面朝北偏西，楼前设有半月塘。楼内大门正对单元设宗祠，楼院内地面铺设卵石，有古井一口。

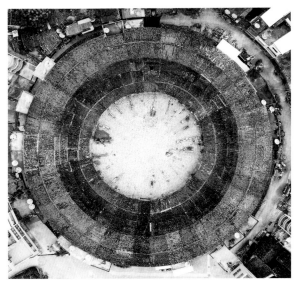

青龙楼垂直总图

青龙楼楼门

青龙楼局部鸟瞰

青龙楼正立面

青龙楼内部情景

青龙楼正面鸟瞰

青龙楼大门　　　　　　　　青龙楼夯土墙

青龙楼大门视野

会龙楼鸟瞰

会龙楼楼门

会龙楼内部情景一

会龙楼内部情景二

秀篆镇陈龙村会龙楼

　　会龙楼始建于嘉庆十一年（1806年），为单元式两层方形土楼，四角抹圆。楼大门朝西开，门楣上置"会龙楼"石匾，大门朝向与众不同，偏向北侧。天井内设置一圈披檐屋面，下部空间为厨房及入户门厅。该土楼整体保存较好，斑驳的夯土墙面道尽了数百年的历史沧桑感。

深桥镇华表村华表方楼

　　始建于清朝的方楼，建筑长约 40 米、宽约 40 米，为两层单元式方形楼寨。大门朝南开，从高处往下看楼寨似两环平面布局。院中央设有祖祠，为三间三落带双护厝式布局，前两落采用燕尾脊屋顶，顶落采用马鞍脊屋顶，皆覆传统红瓦。楼墙大多以条石为基，上部为三合土夯筑。

华表方楼垂直总图

华表方楼局部

华表方楼祖祠山墙

华表方楼近景

霞坂楼侧面鸟瞰

霞坂楼祖祠

霞坂楼正面透视

白洋乡搭桥村霞坂楼

　　霞坂楼是建于清末民初的方楼，为江氏聚居楼。建筑长约 54 米，宽约 50 米，为单元式结构，楼平面为方形，后楼两侧角间抹圆，楼外带有楼包。楼大门朝南开，楼内中心位置坐落着祖祠，院内设有一口水井。大楼周边地理环境优美，楼前设有半月塘，视野开阔。

霞坂楼楼门

霞坂楼祖祠门厅

东湖楼局部鸟瞰

东湖楼楼门

东湖楼正面鸟瞰

东湖楼石砌外墙

东湖楼"楼包"巷道

东湖楼祖堂山墙

东湖楼正面透视

白洋乡搭桥村东湖楼

　　东湖楼始建于清末民初,是搭桥村蔡氏聚居的土木结构圆楼,为单元式结构。楼大门朝西南开,楼内中心位置设一座宗祠。楼外墙基座由块石垒砌,上部为生土夯筑。大楼背靠着山,楼前视野开阔,周边环境优美。

圆楼鸟瞰

四都镇西梧村圆楼

　　西梧村圆楼建于清朝，大楼之前破旧失修，院内陈设杂乱，给楼内居住的村民生活带来不便。近年，西梧村对这座颇有年代的古楼开展修缮维护工程，经过数月的施工，圆楼焕然一新。大楼在完善内部基础设施的同时，尽可能地保留了原有的外观和地域文化特色，延续了历史文脉，展现出一幅传统古楼的唯美景象。该楼现为不可移动文物。

圆楼垂直总图

圆楼石砌墙面

圆楼楼门

圆楼檐口

圆楼展览墙

圆楼内部情景

琴歌解阜楼鸟瞰

琴歌解阜楼楼门一

琴歌解阜楼楼门二

琴歌解阜楼楼门三

霞葛镇五通村琴歌解阜楼

　　五通村的琴歌解阜楼，是一座土木结构、以白墙灰瓦为主色系的土寨。土寨呈不规则椭圆形，半径约为112米，总面积约为39390平方米，是诏安县境内最大的土寨。东门用白灰塑成"琴歌解阜"四个大字，寨内多条深长、悠远的巷子纵横交错，仿佛"迷宫"一般。这座依山傍水的古寨，曾是三任总兵的故里，在土楼的中心轴线上俨然地矗立着三座宗祠，规整排列，显得十分壮观。该楼现为不可移动文物。

琴歌解阜楼垂直总图

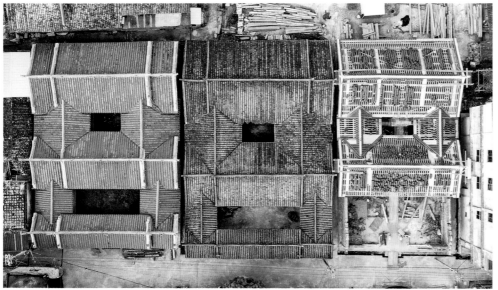

琴歌解阜楼宗祠群垂直总图

琴歌解阜楼内部巷道一

琴歌解阜楼内部宗祠近景

琴歌解阜楼内部巷道二

琴歌解阜楼内部巷道三

琴歌解阜楼石雕构件与木雕构件组图

建设乡江亩坑村寨内土堡

　　江亩坑村寨内土堡规模宏大，外围被一圈护厝包围，外墙厚实，防御性极强，仅在外墙较高处开设通风小窗。内部分布着数十栋独立的传统民居，布局较为不规整。何氏祖祠位于入口中轴线的末端，为三间两落式格局，灰白色系外墙，燕尾脊红瓦屋顶，屋脊剪瓷雕装饰精美。祖祠细部装饰工艺精湛，如梁架、柱础、挑梁、斗拱等处雕刻十分精美。

寨内土堡垂直总图

寨内土堡大门

寨内土堡内部祖祠透视

寨内土堡内部夯土墙

寨内土堡祖祠大门纪年题刻楼匾

寨内土堡内部祖祠燕尾脊屋顶

寨内土堡内部巷道

寨内土堡内部祖祠屋顶

寨内土堡鸟瞰

新厝内方楼正面鸟瞰

深桥镇大美村新厝内方楼

　　深桥镇大美村新厝内方楼目前整体保存较好，主入口中轴线为一栋三间三落的主楼，采用燕尾脊屋顶，正立面为灰白色系，较少装饰，简约大气，主楼两侧带局部小护厝。最外围采用"U"形护厝包围而成，外墙厚重，墙面较少开窗，且窗洞窄小，有利于增强土楼建筑的防御性。内部主屋的梁架雕刻精美，屋顶梁架保存较好。

新厝内方楼垂直总图

新厝内方楼山墙

新厝内方楼正立面

新厝内方楼夯土墙

新厝内方楼木梁架

新厝内方楼檐口

长发楼侧面鸟瞰

长发楼楼门

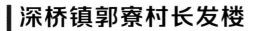

长发楼内部情景一

深桥镇郭寮村长发楼

　　长发楼位于深桥镇郭寮村，是清朝中期大型古建筑群，规模宏大。大围楼内套小围楼，又各自独立成幢，规划设计有序合理。主楼群自北低洼地，向南依次抬高，并呈直线五进门，每一进门的东西两侧各有 1～3 层高低不等的横排楼座，以五进门为中轴呈左右对称，民间称之为"五马拉车"建筑群。该楼现为不可移动文物。

长发楼内部门楼立面一

长发楼内部情景二

长发楼挑檐

长发楼屋顶装饰

长发楼宗祠立面

长发楼内部门楼立面二

长发楼石雕构件一

长发楼石雕构件二

长发楼石雕构件三

田中央土楼垂直总图

金星乡湖内村田中央土楼

　　湖内村田中央土楼整体格局较为完整，主入口中轴线为一栋三间两落式的沈氏祖祠，采用马鞍脊屋顶，覆传统红瓦。正立面为灰白色系，较少装饰，简约大气。主楼两侧带局部小护厝，最外围采用方形护厝包围而成，外墙厚重，墙面较少开窗，且窗洞窄小，有利于增强土楼建筑的防御性。

田中央土楼鸟瞰图

田中央土楼祖堂轴线鸟瞰

田中央土楼正立面

田中央土楼祖祠

田中央土楼立面局部

田中央土楼"楼包"巷道组图

白洋乡兰里村土寨

  土寨始建于清康熙年间，呈方形，长 64 米，宽 56 米，外圈由两层夯土结构的护厝包围而成，
寨门楼匾额题"江佑流芳"四字。寨内部中心建筑是三间两落格局的芝兰祖祠，已于 2011 年重修。
土寨近年来陆陆续续进行局部的修缮改造，延续了原有格局，整体保存较好。

兰里村土寨祖祠轴线鸟瞰

兰里村土寨正立面

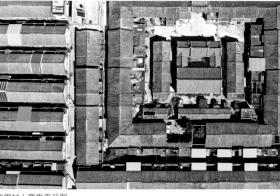

兰里村土寨垂直总图

兰里村土寨内部巷道

兰里村土寨祖祠透视一

兰里村土寨山墙组图

兰里村土寨祖祠透视二

东山方土寨垂直总图

东山方土寨近景

东山方土寨鸟瞰

白洋乡东山村东山方土寨

　　大寨始建于明朝末年，呈方形，长50米，宽53米。寨外墙是两层夯土结构，以三合土夯筑而成，寨门采用条石筑成并设有防御设施。早期村民都聚居于寨内，大寨四面外墙均设有枪眼，以保护大寨不受土匪、强盗等入侵。该寨具有居住、仓储、防御三大功能，是一个可攻可守的大寨，现为县级文物保护单位。

东山方土寨立面局部

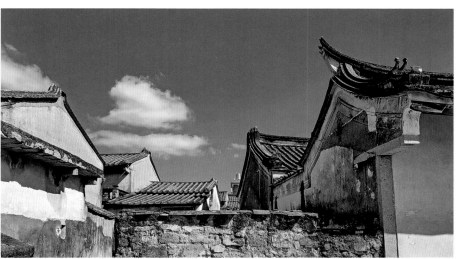

东山方土寨局部山墙

西湖楼硕兴寨侧面鸟瞰

西湖楼硕兴寨远景鸟瞰

西潭镇福兴村西湖楼硕兴寨

　　福兴村西湖楼硕兴寨位于西潭镇，为清代时期古建筑。该寨呈正方形布局，外圈由两层夯土结构的护厝包围而成，内部中轴线上设置一座三间两落带双护厝式的谢氏宗祠。宗祠门前为晒埕，左右各有一口井。该寨防御性极强，除了四面外墙设有枪眼，寨的四个角部均设有碉堡，顶部为眺望台，便于观察周边敌情并迅速做出有力反击，以保护大寨不受土匪、强盗等入侵。福兴村西湖楼硕兴寨被公布为诏安县第十四批县级文物保护单位。

西湖楼硕兴寨近景鸟瞰

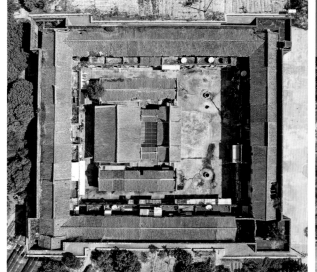

西湖楼硕兴寨总平面图

西湖楼硕兴寨正立面

西湖楼硕兴寨内部祖祠近景

西湖楼硕兴寨山墙组图

西湖楼硕兴寨内部祖祠局部

西湖楼硕兴寨内部祖祠檐口

西湖楼硕兴寨入口大门

西湖楼硕兴寨内部祖祠大门

西湖楼硕兴寨大门远眺

西湖楼硕兴寨内部巷道组图

西湖楼硕兴寨木作与石作构件组图

三、祠堂家庙

　　闽粤宗族文化强盛，祠堂家庙是宗族社会组织关系的重要载体。诏安传统祠堂家庙建筑主要分布于东南片平原开阔地带，毗邻潮汕。根据传统建筑风格区域划分，该片区属于闽南传统建筑与潮汕传统建筑过渡区，因此，当地的传统家庙宗祠兼具闽潮两地风格。

　　具体来看，诏安祠堂家庙建筑延续了闽南传统建筑燕尾脊、马背墙的主要风貌特征，但立面色彩上传统红砖元素已弱化，仅作为点缀，整体色彩更接近潮汕传统建筑的灰白色系。

龙潭家庙垂直总图

龙潭家庙局部屋顶

秀篆镇陈龙村龙潭家庙

　　龙潭家庙（盛衍堂）位于诏安县秀篆镇陈龙村，始建于明隆庆六年（1572年），清顺治年间重建，近代以来又多次重修并保存原建筑规制。建筑坐西北朝东南，祠前有大埕及半月形池塘，由门楼、天井、两廊、中厅、拜亭、大厅及东西厢房等组成，为单檐悬山式建筑。该建筑石材构件大多建造工艺精湛，且较好地保存了下来，如柱础、柜台脚、抱鼓石、门枕石、门框等，都具有较高的艺术价值。

　　建筑正立面为灰白色系，外墙采用条石砌筑，简约素雅。建筑以入口门楼一中厅为中轴线，两边空间对称布局。采用燕尾脊屋顶，覆传统灰瓦，屋脊装饰剪瓷雕。屋顶高低不一，随着建筑空间而产生变化：纵向来看，前低后高，入口门楼屋顶是最低点，屋顶高度如台阶逐层递增，似层峦叠嶂，气势恢宏；横向来看，则是中间高两边低，入口门楼屋顶是最高点，两侧逐层降低，富有韵律感，塑造了优美的天际线。

龙潭家庙远景鸟瞰

龙潭家庙近景

龙潭家庙正立面局部

龙潭家庙正面塌寿

龙潭家庙外部门楼山墙

龙潭家庙中轴鸟瞰

龙潭家庙外部门楼门厅

龙潭家庙内部情景组图

龙潭家庙屋顶装饰

龙潭家庙外部门楼透视

龙潭家庙屋顶局部一

龙潭家庙石雕构件组图

龙潭家庙屋顶局部二

南诏镇城内社区许氏家庙

　　建置于明弘治十三至十七年（1500—1504年）的"许氏家庙"（纶恩堂），历史久远、规模宏大，在诏安县乃至全省都是比较罕见的大宗祠。这是一处具有丰富内涵和历史文化价值的涉台文物，也是省级文物保护单位。

　　许氏家庙坐北朝南，由门楼、下厅、东西两廊带天井、拜亭和大厅组成。全座屋顶96槽，36根石柱（均带柱础）。采用燕尾脊屋顶，覆传统红瓦，屋脊饰有彩绘。门楼开三门，一正二偏，正门匾额题"许氏家庙"四字。大厅面阔五间，进深三间，采用一斗三升式斗拱梁架。上悬巨匾"纶恩堂"（传为仿清康熙大帝书），匾下楹联："南城礼乐交堂构；北阙纶恩奂栋梁。"

许氏家庙正立面

许氏家庙垂直总图

许氏家庙屋顶局部鸟瞰

许氏家庙鸟瞰

许氏家庙内部情景一

许氏家庙内部情景二

许氏家庙塌寿

许氏家庙内部情景三

许氏家庙内部情景四

许氏家庙内部情景五

许氏家庙内部情景七

家庙内部情景六

许氏家庙细部组图

南诏镇东门社区沈氏家庙（顺庆堂）

　　顺庆堂位于县城内东门中街北侧，家庙前的东门中街是明清时期的官道，古代诏安县城的繁华核心地带。该处原为明代南诏驿旧址，清乾隆时改为祠堂。建筑坐北朝南，主楼为三间两落式布局，前有晒埕。灰白立面，镜面墙开大窗，入口处立一对方石柱，门前一对抱鼓石，大门匾额由沈洲题写。采用燕尾脊屋顶，屋脊泥塑彩绘装饰，覆传统红瓦。建筑的门框、门楣、门簪、门枕石、柱础、石挑梁等处雕刻工艺精湛，装饰艺术价值较高。

沈氏家庙（顺庆堂）鸟瞰

沈氏家庙（顺庆堂）正面透视

沈氏家庙（顺庆堂）垂直总图

沈氏家庙（顺庆堂）入口

沈氏家庙（顺庆堂）内部情景一

沈氏家庙（顺庆堂）入口细部

沈氏家庙（顺庆堂）内部情景二

沈氏家庙（顺庆堂）内部情景三

沈氏家庙（顺庆堂）梁架雕饰一

沈氏家庙（顺庆堂）梁架雕饰

沈氏家庙（顺庆堂）内部情景四

沈氏家庙（顺庆堂）石雕构件组图

沈氏家庙（继述堂）正立面

南诏镇西门社区沈氏家庙（继述堂）

　　沈氏家庙（继述堂）为三间两落式布局，现状保存良好。正立面镜面墙近年翻修，现为瓷砖贴面，未开窗。入口处立两根石柱，柱顶木梁架雕刻精美。门前一对抱鼓石，置于左右两侧，塌寿石墙面采用浮雕装饰，柜台脚处雕刻工艺精湛，立体感强。屋顶修葺一新，采用燕尾脊屋顶，屋脊以闽南传统剪瓷雕装饰。

　　内部大殿上的柱子，原是杉木制，几百年来已严重腐蚀，现在换成新的石柱。大殿内所有梁柱，可继续用者均刷漆保护，不可用者换新，一对木雕狮子也是新制的。

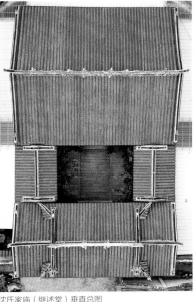

沈氏家庙（继述堂）垂直总图

沈氏家庙（继述堂）鸟瞰

沈氏家庙（继述堂）塌寿

沈氏家庙（继述堂）内部情景一

沈氏家庙（继述堂）内部情景二

沈氏家庙（继述堂）内部情景三

沈氏家庙（继述堂）内部情景四

沈氏家庙（继述堂）局部

沈氏家庙（继述堂）木雕构件与石雕构件组图

桥东镇西沈村 - 西浒村沈氏宗祠

沈氏大宗祠始建于明嘉靖年间，历代曾多次重修，现为清代建筑风格，被公布为诏安县第十六批县级文物保护单位。建筑坐北朝南，为五间三落式布局。正立面为灰白色系，墙体采用三合土夯成，墙厚约 0.35 米，外饰白灰面层。入口采用塌寿做法，立两根石柱，柱顶木构架雕刻精美。大门两侧一对抱鼓石，墙裙部分采用石雕砌筑，上部采用传统纹样装饰。屋顶采用燕尾脊，覆传统红瓦，屋脊用泥塑彩绘装饰，现色彩已脱落。天井占地约109.5 平方米，较为罕见，其地面及四周由宽 0.45 米、厚 0.35 米的花岗岩青麻板石铺就而成。

沈氏宗祠垂直总图

沈氏宗祠侧面鸟瞰

沈氏宗祠屋顶局部

沈氏宗祠山墙

沈氏宗祠入口

沈氏宗祠正面鸟瞰

沈氏宗祠正立面

沈氏宗祠内部情景组图

沈氏宗祠木雕构件与石雕构件组图

桥东镇西沈村 - 西浒村大夫家庙

  大夫家庙始建于明代，位于西浒村，被公布为诏安县第十六批县级文物保护单位。建筑坐北朝南，为三间一落式布局，朝南一面内墙建成照壁，不开门。东西面开龙虎双门，凹肚石门楼各立一对抱鼓石，门匾处悬挂"大夫家庙"四字。门楼墙面由雕刻着人物、花草、鸟兽的青麻石浮雕组成，恢宏大气。东西门楼采用马鞍脊屋顶，正厅采用燕尾脊屋顶，屋脊皆有剪瓷雕装饰，屋顶覆传统红瓦。

  目前，宗祠主要作为祭祀及村里老年人娱乐活动的场所。时有旅居外地的西沈裔孙回来认祖祭拜，古老的宗祠蜚声各地，烙印在代代儿孙的脑海中，万世流传。

大夫家庙入口

大夫家庙垂直总图

大夫家庙鸟瞰

大夫家庙入口透视

大夫家庙内部情景组图

大夫家庙入口屋顶

大夫家庙外墙

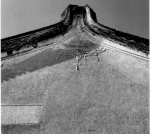

大夫家庙马背山墙

大夫家庙人字形山墙

大夫家庙梁架雕饰

大夫家庙木雕构件组图

大夫家庙石雕构件组图

岸美祖祠鸟瞰

岸美祖祠垂直总图

岸美祖祠屋顶局部

岸美祖祠塌寿

岸美祖祠内部情景一

岸美祖祠正立面

岸美祖祠内部情景二

桥东镇西沈村－西浒村岸美祖祠

　　岸美祖祠为三间两落式布局，整体保持完整。正立面各要素保存完好，为灰白色系，镜面墙不开窗，上部出挑石斗拱支撑檐口。入口处用两根石柱支撑屋面，上部木雕十分精美，两侧墙面泥塑彩绘装饰。屋顶采用燕尾脊，覆传统红瓦。内部基本维持原状，多处木梁架雕花工艺精湛，尤其是榉头梁架的木雕惟妙惟肖。建筑多处运用石材进行建造，如柱础、门枕石、抱鼓石等石构件造型优美。

岸美祖祠内部情景三

岸美祖祠内部情景四

岸美祖祠石雕构件组图

岸美祖祠木雕构件组图

深桥镇仕江村秀岭祖祠

　　秀岭祖祠为诏安县县级文物保护单位，位于仕江村北面，始建于清代。建筑为三间两落式布局，正立面已翻修，现为白色涂料抹面。入口处立两根石柱，柱顶木梁架雕刻精美。门前一对抱鼓石，置于左右两侧，门框、门楣、门簪等构件采用石材建造，局部有雕刻。塌寿墙面采用泥塑彩绘装饰，保存状况一般。屋顶采用燕尾脊，屋脊装饰面层已脱落。内部榫头梁架、顶落屋顶梁架等处木雕工艺精湛，保存较好。

秀岭祖祠垂直总图

秀岭祖祠正立面

岭祖祠入口　　秀岭祖祠内部情景一　　秀岭祖祠内部情景二　　秀岭祖祠内部情景三

秀岭祖祠鸟瞰

秀岭祖祠内部情景四

秀岭祖祠木雕构件组图

秀岭祖祠木雕构件与石雕构件组图

震山祖祠入口正立面

西潭镇山河村震山祖祠

　　震山祖祠建于清康熙十六年（1677 年），位于山河村古寨中心。建筑坐西北朝东南，为三间两落式布局。立面呈灰白色系，硬山式屋顶，覆传统红瓦，屋脊采用剪瓷雕装饰。内部斗拱构件雕刻精巧，造型独特美观。堂内珍藏乾隆十六年诰封圣旨一道和官员沈召棠、沈士林、林辉星合作的绢画手卷一幅。该建筑于 2012 年被列为第八批省级文物保护单位。

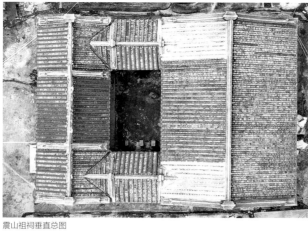

震山祖祠垂直总图

震山祖祠鸟瞰

震山祖祠透视

震山祖祠山墙一

震山祖祠山墙二

震山祖祠内部情景一

震山祖祠内部情景二

震山祖祠内部情景三

震山祖祠内部情景四

震山祖祠局部

震山祖祠木雕构件与石雕构件组图

西潭镇新春村七教堂

五代百岁祠（七教堂）为不可移动文物，始建于清嘉庆二十一年（1816年），至今已有200多年的历史，是诏安县申报"中国长寿之乡"的主要考察认证点。祠堂坐北朝南，为三间两落式布局，立面为灰白色系，入口处采用塌寿做法，墙面用彩绘装饰，落两根石柱，柱础形状轻巧优美，柱顶木梁架雕刻精美。内部石柱作为主要承重构件，支撑大屋顶。多处梁架雕刻精美，保存较好。屋顶采用燕尾脊，屋脊上的剪瓷雕装饰精美，屋顶覆传统红瓦。

七教堂鸟瞰

七教堂正立面

七教堂透视

七教堂垂直总图

七教堂入口

七教堂牌匾

七教堂塌寿屋架

七教堂内部情景组图

七教堂木雕构件与石雕构件组图

祀先堂垂直总图　　　　　　　　　　祀先堂鸟瞰

西潭镇新春村祀先堂

　　祀先堂位于西潭镇新春村，为许氏祖祠，采用三间两落式布局。正立面各要素保存完好，白灰墙面，镜面墙不开窗，上部出挑石斗拱支撑檐口，入口处墙面采用泥塑彩绘装饰。侧立面为人字形山墙，呈白灰色系。屋顶采用燕尾脊，覆传统红瓦。内部屋顶梁架保存状况一般，榫头梁架雕刻精美。

祀先堂正立面

祀先堂入口

祀先堂屋顶梁架

祀先堂内部情景一

祀先堂山墙

祀先堂檐口细部

祀先堂石挑檐

祀先堂外墙

祀先堂内部情景二

祀先堂木斗拱　祀先堂样头梁架

许氏祖祠（光裕堂）正立面

西潭镇新春村许氏祖祠（光裕堂）

　　新春村许氏祖祠（光裕堂），建成于清乾隆年间，祠堂坐北朝南，为三间两落式布局，现为县级不可移动文物。屋顶采用燕尾脊，屋脊上剪瓷雕装饰精美，屋顶覆传统红瓦。立面为灰白色系，简约素雅，入口处采用塌寿做法，墙面彩绘已脱落，立两根石柱，柱础形状轻巧优美，柱顶木梁架雕刻精美。石柱作为主要承重构件，支撑屋顶。内部多处梁架雕刻精美，保存较好。

许氏祖祠（光裕堂）鸟瞰

许氏祖祠（光裕堂）垂直总图

许氏祖祠（光裕堂）入口

许氏祖祠（光裕堂）侧面透视

许氏祖祠（光裕堂）屋顶局部

许氏祖祠（光裕堂）梁架雕饰一

许氏祖祠（光裕堂）细部组图

许氏祖祠（光裕堂）内部情景

许氏祖祠（光裕堂）梁架雕饰二

许氏祖祠（追远堂）鸟瞰

许氏祖祠（追远堂）垂直总图

许氏祖祠（追远堂）屋顶局部

许氏祖祠（追远堂）入口

西潭镇新春村许氏祖祠（追远堂）

  许氏祖祠（追远堂）为县级文物保护单位，建成于清乾隆年间。祠堂坐北朝南，为三间两落式布局，建筑格局保持完好。屋顶采用燕尾脊，屋脊上剪瓷雕装饰精美，屋顶覆传统红瓦。立面为灰白色系，入口处采用塌寿做法，墙面用彩绘装饰，立两根石柱，柱础形状轻巧优美，柱顶木梁架雕刻精美。石柱作为主要承重构件，支撑木梁架屋顶。建筑细部的木雕工艺十分精湛，如楹头梁架、屋架、木挑梁等处的木雕惟妙惟肖，栩栩如生。

许氏祖祠（追远堂）正立面

许氏祖祠（追远堂）柱础一

许氏祖祠（追远堂）柱础二

许氏祖祠（追远堂）室内情景

许氏祖祠（追远堂）山墙

许氏祖祠（追远堂）梁架雕饰一

许氏祖祠（追远堂）梁架雕饰二

许氏祖祠（追远堂）木雕构件组图

沈氏五房宗祠正立面

深桥镇岸屿村沈氏五房宗祠

　　岸屿村沈氏五房宗祠建于清末，主体为三间两落式布局，整体保存良好。建筑外立面以灰白色系为主，镜面墙以白灰抹面，入口处立两根石柱，柱顶木雕精美。塌寿处墙面雕刻精美，门框、门楣、门枕石均采用石材建造。屋顶采用燕尾脊，屋脊采用泥塑彩绘装饰，部分已脱落。内部空间已改造，现作为村部办公场所。建筑多处细部建造工艺精湛，如梁架、柱础、石挑梁、柜台脚、抱鼓石等构件雕刻栩栩如生，且保存完好。

沈氏五房宗祠入口

沈氏五房宗祠屋顶局部

沈氏五房宗祠塌寿梁架

沈氏五房宗祠檐口

沈氏五房宗祠石挑檐

沈氏五房宗祠山墙局部

沈氏五房宗祠内部情景

沈氏五房宗祠木雕构件与石雕构件组图

梅峰祖祠透视

深桥镇大美村梅峰祖祠

　　梅峰祖祠位于深桥镇大美村，建筑格局为典型的闽南传统民居形式，正立面近年进行了局部翻修，整体保持完整，为三间两落式布局。

　　建筑正立面各要素保存完好，为灰白色系。其中镜面墙近年翻修，现以蓝色瓷砖贴面。入口处立两根石柱支撑屋面，檐下木构件雕刻精美，塌寿处墙面以泥塑彩绘装饰。采用燕尾脊悬山屋顶，覆传统红瓦。内部木梁架保存良好，雕花工艺精湛。建筑多处使用石材建造，其中雕刻形式丰富的石柱础是该建筑的一大特色。

梅峰祖祠中轴鸟瞰

梅峰祖祠内部情景

梅峰祖祠燕尾脊

梅峰祖祠屋顶局部

梅峰祖祠檐口

梅峰祖祠前落屋顶梁架

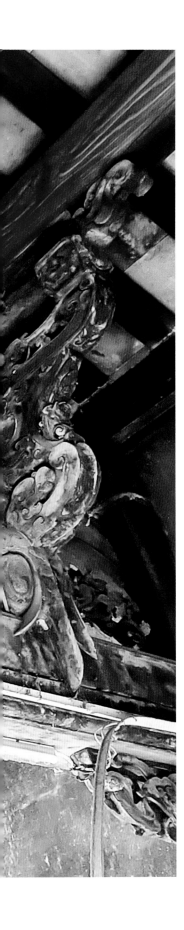

梅峰祖祠塌寿梁架　　　　　　　　梅峰祖祠榉头梁架

梅峰祖祠细部组图

深桥镇大美村明哲祖祠

明哲祖祠位于深桥镇大美村，保存良好，为三间两落式布局。建筑正立面各要素保存完好，为灰白色系，镜面墙不开窗，上部出挑石斗拱支撑挑檐。入口处立两根石柱支撑屋面，檐下木构件雕刻工艺精湛，塌寿处墙面石雕精美。侧立面采用人字形山墙，顶部采用闽南传统纹样装饰，保持完好。燕尾脊屋顶覆传统红瓦，整体保存完好。内部屋顶木梁架雕花及彩绘工艺精湛，多处运用石材进行建造，如柱础、门枕石、抱鼓石等石构件造型优美。

明哲祖祠中轴鸟瞰

明哲祖祠山墙

明哲祖祠屋脊局部

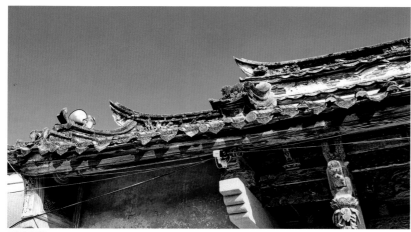

明哲祖祠檐口

明哲祖祠正立面

明哲祖祠透视 明哲祖祠屋顶局部

明哲祖祠木雕构件与石雕构件组图

明哲祖祠木雕构件组图

深桥镇大美村沈氏祖祠

　　沈氏祖祠位于深桥镇大美村，曾作为大美村村委会办公场所，采用三间两落式布局，现保存良好。建筑正立面各要素保存完好，为灰白色系，基座以米黄色条石砌筑，镜面墙不开窗，上部出挑石斗拱支撑屋面。入口处墙面采用石材建造，石雕精美。建筑前落采用燕尾脊屋顶，覆传统红瓦，顶落则采用马鞍脊屋顶。建筑多处细部构件建造工艺精湛，特别是榉头梁架雕刻尤为精美，建筑艺术价值较高。

沈氏祖祠石雕构件与木雕构件组图

沈氏祖祠正立面

沈氏祖祠鸟瞰

沈氏祖祠内部情景

叶氏宗祠中轴鸟瞰

叶氏宗祠侧面鸟瞰

叶氏宗祠正立面

深桥镇华表村叶氏宗祠

　　叶氏宗祠位于深桥镇华表村，整体保持完整，为三间三落式布局。

　　建筑正立面简约素雅，未开窗，为米白色粉刷墙面。上部出挑石斗拱支撑屋顶，入口处立两根石柱支撑屋面，柱顶木雕十分精美。建筑主要采用马鞍脊屋顶，前落屋顶局部采用燕尾脊做法，覆传统红瓦（屋面因涂抹水泥面层，部分瓦片为灰色）。内部屋顶木梁架雕花及彩绘工艺精湛。石柱是主要承重构件，柱础、门枕石、抱鼓石等石构件雕刻造型优美。

叶氏宗祠近景

氏宗祠内部情景一 　　　　　　　　　　　　　　　　叶氏宗祠内部情景二 　　　　　　　　　　　叶氏宗祠内部情景三

叶氏宗祠内部情景四

叶氏宗祠塌寿梁架

叶氏宗祠石雕构件组图

叶氏宗祠木雕构件组图

追远堂垂直总图

追远堂入口

追远堂近景

追远堂正立面

深桥镇华表村追远堂

　　追远堂位于深桥镇华表村。该建筑近年已翻修，建筑格局为五间两落式，规模宏大，整体保持完整。正立面各要素保存完好，其中基座为条石砌筑。墙面为米白色系，镜面墙不开窗，上部出挑石斗拱支撑檐口。入口处立两根石柱支撑屋面，塌寿处墙面石雕装饰精美。建筑侧立面采用人字形山墙，燕尾脊悬山屋顶，覆传统红瓦。内部石柱及石构件较好地保留下来，大部分木梁架已换新，地面采用传统红砖铺砌。

追远堂侧面鸟瞰

追远堂中轴鸟瞰

追远堂屋顶

追远堂屋顶局部三

追远堂屋顶局部四

追远堂山墙一

追远堂屋顶局部一

追远堂屋顶局部二

追远堂山墙二

追远堂塌寿

追远堂内部情景一

追远堂内部情景二

追远堂内部情景三

追远堂内部情景四

追远堂内部情景五

追远堂屋顶梁架

追远堂石雕构件组图

三纲堂垂直总图

三纲堂鸟瞰

桥东镇桥园村三纲堂

　　林氏宗祠位于桥东镇桥园村，又名三纲堂，为三间两落式布局，整体保持完整。该建筑近年得到修缮，基座、柱础、石柱等石构件保存良好，但木梁架等已大部分被替换翻修，天井及室内地面也重新铺装。屋顶采用燕尾脊，屋脊剪贴装饰精美，屋面瓦片新旧结合，保留旧板瓦，增加新筒瓦。

三纲堂正立面

三纲堂塌寿

三纲堂石匾额

三纲堂内部情景一

三纲堂内部情景二

三纲堂内部情景三

三纲堂屋顶装饰一

三纲堂屋顶装饰二

三纲堂细部装饰组图

似续堂正立面

桥东镇桥园村似续堂

　　林氏宗祠位于桥东镇桥园村，又名似续堂，近年得到修缮，为三间两落式布局，整体保持完整。建筑正立面已修缮，为米白色粉刷墙。内部石柱和柱础较好地保留下来，但木梁架及其他木雕构件已基本更新替换。天井地面保持原条石铺地，厅堂地面则铺设传统红色地砖。屋顶采用燕尾脊，屋脊剪贴装饰精美，屋顶覆传统红瓦。

似续堂内部情景一

似续堂垂直总图

似续堂侧面

似续堂石匾额

似续堂山墙

似续堂内部情景二

似续堂木雕构件与石雕构件组图

似续堂内部情景组图

金星乡湖内村义士祖祠

义士祖祠位于金星乡湖内村，为三间两落带双护厝布局，整体保持完整。该建筑近年已修缮，正立面各要素保存完好，整体为灰白色系，镜面墙不开窗，上部出挑石斗拱支撑檐口。入口处立两根石柱支撑屋面，两侧墙面以泥塑彩绘装饰，檐下木雕十分精美。屋顶采用燕尾脊，屋脊剪贴装饰精美，屋面覆传统红瓦，侧立面山墙垂挂木悬鱼。内部空间已大部分翻修，但仍保留多处原有精美构件，如柱础、梁架、抱鼓石等。

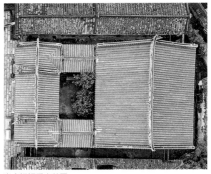
义士祖祠垂直总图

义士祖祠山墙一

义士祖祠山墙二

义士祖祠内部情景

义士祖祠屋顶装饰

义士祖祠正立面

义士祖祠透视

义士祖祠梁架雕饰组图

义士祖祠木雕构件与石雕构件组图

吴氏祖祠正立面

梅洲乡梅洲村吴氏祖祠

　　梅洲吴氏祖祠爱敬堂始建于明嘉靖七年（1528年），至今有近500年的历史。梅洲吴氏祖祠爱敬堂乃传承梅洲吴氏家风家训的场所。南宋时期，吴公大成开基梅洲吴家，迨至明朝中叶，始祖吴大成第十世裔孙敬庵公对内带领众乡亲倚渐山梅溪，拥沃土良田，勤耕善作，使得梅洲成为远近闻名的鱼米之乡；对外购买东山港西连片青山（现为中驰山庄），发展建筑业，壮大经济，短短几年使得梅洲吴氏成为闽诏望族。时至明嘉靖七年，孙敬庵公捐银买巷口地，率众倡建吴氏祖祠爱敬堂。取名"爱敬"寓意"爱所亲，敬所尊"。从此，爱敬堂成为一代又一代的梅洲吴氏尊老爱幼、聚智议事、传承家风家训的重地。爱敬堂门前的巷口路也逐渐成为梅洲经商贸易、文化活动的繁华地带，推动着梅洲社会与经济稳健发展。时至今日，梅洲吴氏子孙枝繁叶茂，衍派遍及海内外，裔孙多达20余万人。

吴氏祖祠垂直总图

祖祠鸟瞰　　　　　　　　　　吴氏祖祠入口　　　　　　　　　吴氏祖祠木匾额

吴氏祖祠内部情景一

吴氏祖祠细部组图

吴氏祖祠内部情景二

吴氏祖祠内部情景三

吴氏祖祠内部情景四

万埔祖祠正立面

万埔祖祠垂直总图

万埔祖祠内部情景一

万埔祖祠鸟瞰

白洋乡东山村万埔祖祠

　　万埔祖祠位于白洋乡东山村，近年来得到修缮，保存状况良好。建筑格局为典型的闽南传统民居形式，整体保存完整，为三间两落式布局。

　　建筑正立面已翻修，简约素雅，为白色系，镜面墙不开窗，上部出挑石斗拱支撑檐口。前落采用燕尾脊屋顶，屋脊起翘优美，屋顶覆传统红瓦。顶落侧立面为马背山墙，整体保存完好。内部已基本翻新，但仍保留多处原有精美构件，如柱础、门枕石、石挑梁等。

万埔祖祠内部情景二

万埔祖祠山墙

万埔祖祠屋顶局部

万埔祖祠内部情景三

万埔祖祠顶落屋架

万埔祖祠山墙局部

万埔祖祠石柱础

万埔祖祠石挑梁

万埔祖祠木斗拱

红星乡新林村仁美堂

红星乡新林村许氏宗祠修建于清代，又名仁美堂，为院落式格局，一落主屋，"U"形围墙形成内院。入口门楼建造工艺精美，上方出两跳丁拱支撑屋檐，采用燕尾脊屋顶，檐口细部的装饰线脚层层叠叠。主屋为开敞空间，以石柱支撑屋面，柱础造型精美。

仁美堂入口透视

仁美堂鸟瞰

仁美堂内部情景

仁美堂木雕构件与石雕构件组图

四、宫庙建筑

    闽粤民间信仰盛行，人们不惜耗费大量金钱和物资建造用来祭拜的宫庙建筑。当地传统建筑的装饰特色，在诏安宫庙建筑上体现得淋漓尽致。

    当地宫庙建筑充分吸收了闽南和潮汕两地的装饰技法，其装饰较漳州中北部等地区更为精美繁复。在发展过程中逐渐形成了独具诏安特色的宫庙建筑装饰艺术风格，例如诏安木雕、石雕、剪贴、彩绘等都是极具地方特色的工艺技法。繁复多样的细部装饰艺术，使诏安宫庙建筑独具特色。

文昌宫中轴鸟瞰

南诏镇城内社区文昌宫

　　文昌宫是省级文物保护单位，明代为漳潮巡检司所在地，清同治十年（1871 年）知县罗运端移文昌祀于此，在巡检司废址改建，命名为文昌宫。

　　建筑坐北朝南，占地面积约 1026 平方米，为五间三落式平面布局，依次由庙埕、门楼、拜亭、正殿及后楼组成。立面为灰白色系，采用燕尾脊屋顶，

屋脊上雕龙画凤，装饰繁复。门楼为仪门做法，正中悬青石雕花匾，上竖写"文昌宫"，左右各镶嵌一石匾，正面为"阴功""阳德"，反面为"经天""纬地"。门内正中石匾为："黼黻鸿图"。门楼上仍嵌有青石浮雕 14 块，精巧细腻。正殿屋架为抬梁式做法，面阔三间，进深四柱。

文昌宫鸟瞰

文昌宫屋顶局部鸟瞰

文昌宫垂直总图

文昌宫正立面

文昌宫入口门楼

文昌宫内部情景一

文昌宫侧立面透视一

文昌宫侧立面透视二

文昌宫内部情景组图

文昌宫内部情景二

文昌宫梁架雕饰一

文昌宫梁架雕饰二

文昌宫细部组图一

文昌宫细部组图二

文昌宫细部组图三

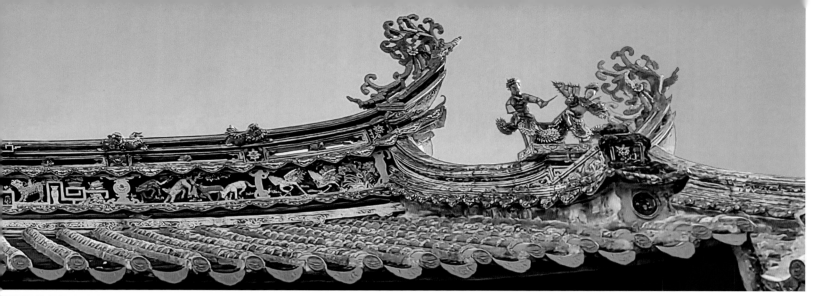

南诏镇西门社区西门武庙

　　西门武庙是县级文物保护单位，明嘉靖四十一年（1562 年）始建，历代均有重修，现总体保留清代建筑风格，主祀关帝。建筑坐西北朝东南，由门楼、天井、拜亭、大殿、后天井和后殿组成，并带南北厢房各 4 间。大殿面阔 3 间，进深 3 间，大殿祀关羽，后殿祀诸佛。

　　武庙主殿高悬乾坤正气匾，下方关帝爷正襟危坐，神态悠然，双手持笏板于胸前。主殿上前方两侧尚有几尊较小的关帝神像，关平、周仓两将持械肃立于两侧。殿前立蟠龙石柱一对，置于左右两侧，栩栩如生。

西门武庙正立面

西门武庙牌匾

西门武庙内部情景一

西门武庙挑檐

西门武庙细部装饰

西门武庙鸟瞰

西门武庙垂直总图

西门武庙内部情景二

西门武庙内部情景三

西门武庙塌寿

西门武庙石雕构件组图

西门武庙内部情景四

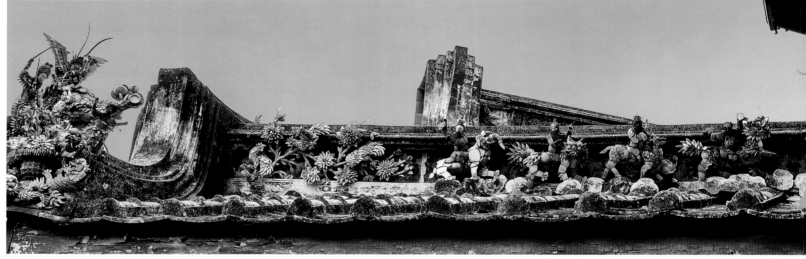

西门武庙屋脊装饰组图

西门武庙木雕构件组图

城隍庙正立面

南诏镇西门社区城隍庙

西门城隍庙是省级文物保护单位，始建于明嘉靖九年（1530年），主祀城隍爷。该庙历代重建，1997年正殿进行了最后一次重修，2005年重建影壁和戏台。建筑坐东北朝西南，依次由门楼、前殿、天井、中殿、天井带两廊、拜亭及正殿组成。建筑细部装饰繁复，以门楼为最，保留了闽南古代连珠叠斗式做法，雕梁画栋，十分精彩。屋顶采用燕尾脊，屋脊上剪瓷雕装饰富丽堂皇。庙内石柱础、门枕石、石狮等石构件雕刻精美，保存完好。

城隍庙内有五通重修碑，均由赑屃驮着，赑屃又名霸下，是龙的九子之一。其特征是龙头、龟身，由于其造型与乌龟相似，故常被视为大乌龟。

城隍庙垂直总图

城隍庙鸟瞰

城隍庙侧面透视

城隍庙内部情景一

城隍庙屋顶装饰

城隍庙局部

城隍庙内部情景二　　　　　　　城隍庙内部情景三　　　　　　　城隍庙内部情景四

城隍庙细部组图

庙梁架雕饰组图

中山公园历史建筑群

中山公园位于诏安县老城区，是福建省内的市级休憩公园之一。1970年，八角亭、碑亭、牌坊大门和公园东侧民房被拆除，中山公园被辟为广场。1985年4月，中山公园获得重建，占地面积8000平方米，建曲折莲池，池中筑桥廊凉亭，亭廊梁柱间有县名家手绘书画。1996年，政府投资500余万元，邀请福建省园林专家重新规划、设计，将其改造成极具时代气息的休闲公园，并荣获福建省人大颁发的"环境优美奖"。2008年，政府再次投入300余万元对其进行整体改造，在保持中山公园原有的历史传统风貌的基础上，进一步提升公园品位。同时，为彰显公园的主题，增设中山广场，树立孙中山像，使历经百年的老公园重焕光彩。出生于20世纪80、90年代的诏安人家里少不了一张在中山公园拍的老照片。夜幕降临，中山公园凉亭流光溢彩，池塘碧波荡漾，承载着诏安人的浓浓乡愁！

中山公园垂直总图

中山公园纪念亭

中山公园休息亭透视

中山公园局部

中山公园广场透视

中山公园廊亭内部透视一

中山公园廊亭内部透视二

中山公园廊亭内部透视三

公园休息亭局部

中山公园廊亭内部透视四

武德侯庙正立面

深桥镇仕江村武德侯庙

　　武德侯庙始建于明洪武三十年（1397年），建筑坐东南朝西北，正对良峰山，为五间两落式布局。立面已翻修，现为石雕墙面。入口采用通塌做法，顶上挑出屋檐遮阳挡雨，大气简约。屋顶采用燕尾脊，屋脊上剪瓷雕装饰繁复。屋顶新筒瓦与旧板瓦交替排列，呈现序列美感。内部木梁架大部分已替换或翻修，柱础、门枕石、石挑梁等旧构件建造工艺精湛，保存良好。

　　该建筑为诏安县唯一一座因荣诰"文武世家"而列入《八闽祠堂大全》的祠堂。2015年2月6日，武德侯庙被公布为诏安县县级文物保护单位。武德侯庙每年农历二月初二、八月十六（"春秋二祭"）和三月廿梅港公（即梅圃公）墓祭墓时节都热闹非凡，海内外梅圃裔孙近千人欢聚一堂。

武德侯庙垂直总图

武德侯庙入口

武德侯庙鸟瞰

武德侯庙内部情景一

武德侯庙内部情景二

武德侯庙内部情景三

武德侯庙内部情景四

武德侯庙细部装饰组图一

武德侯庙细部装饰组图二

深桥镇仕江村灵惠庙

灵惠庙始建于明代嘉靖年间，为三间两落式布局，整体面宽较小，进深较大。建筑正立面镜面墙翻修为瓷砖贴面，门框、门楣、塌寿墙面均为花岗岩构成。燕尾脊屋顶装饰十分繁复，屋脊中间的双龙戏珠尤为精彩。内部天井已改建为拜亭，内墙面也大多数翻新。大庙坐东朝西，从夏季至秋末，每当下午四点左右至太阳近落山之前，阳光透过水面而折射至王公正殿，使殿上不但有日光，且有波纹显动，故名"日夜精"。2015年2月6日，仕江灵惠庙被公布为诏安县第十五批县级文物保护单位。

灵惠庙入口

灵惠庙中轴线鸟瞰

灵惠庙塌寿透视

灵惠庙细部装饰一

灵惠庙细部装饰二

灵惠庙正立面

灵惠庙石雕构件与木雕构件组图

大庙垂直总图

大庙远景

建设乡江亩坑村大庙

　　江亩坑大庙，为三间两落带单护厝式布局。大门朝南开，大门匾额篆刻"威著经陇"，门前有两块大晒埕，一处月眉形大塘。建筑天井设置架空拜亭一座，较为罕见。采用悬山式燕尾脊屋顶，屋脊剪瓷雕装饰精美，屋面覆传统红瓦。

大庙正立面

大庙屋顶装饰二　大庙内部梁架一

大庙内部梁架二

四都镇东梧村吴氏大庙

  东梧村吴氏大庙始建于明朝中期，供奉保生大帝吴夲，世称"吴真人"，为宋代御医。在世时悬壶济世、医德高尚，深受世人敬仰，吴氏族人称其为祖师公，世代供奉，香火不绝。1792年由举人吴捷音、林梦春牵头重修（有石碑记证），1992年进行第二次重修，该庙距今已有200多年历史。

  大庙前厅匾额"义举可风"为清朝将领李长庚赠送。清朝乾隆年间，倭寇侵犯东南沿海，东梧村渔民出船出人协助官兵英勇抗击倭寇。打败倭寇后，得到驻守福建海坛镇的总兵李长庚嘉许，并赠牌匾"义举可风"。

吴氏大庙入口

吴氏大庙山墙一

吴氏大庙山墙二

吴氏大庙正立面

吴氏大庙木斗拱

吴氏大庙山墙装饰

吴氏大庙屋顶局部

吴氏大庙屋顶装饰一

吴氏大庙屋顶装饰二

五、诏安洋楼、骑楼建筑

诏安的洋楼、骑楼建筑独具特色，是近代以来外来西式建筑与地方传统建筑融合的产物，主要分布于老城区等东南沿海片区。

诏安近代洋楼从平面布局与建筑造型看，主要具有外部形式的洋化与空间布局的楼化两个主要特点。其可分为独立式洋楼、传统合院中的洋楼以及传统民居只在门面洋化的"番仔厝"。如番仔厝虽然在外观上明显洋化，却保持传统民居单层平铺的布局特点，并没有发生建筑空间的楼化，因此，番仔厝可以认为是未楼化的洋楼类型。但洋楼不能简单地等同于华侨住宅，在海外归国华侨的影响下，诏安当地的官僚、富商或地主也纷纷建起了西化程度不一的洋楼民居。

诏安骑楼也是近代极具特色的建筑类型，其单体布局方式大体上可以分为延续原有街屋布局的"单体联排型"和与街道统一开发的"店宅分离型"两种格局。"单体联排型"骑楼布局是在原有街道基础上，由各家自行建造；而"店宅分离型"骑楼布局则是沿街建筑统一规划并且作为一个整体进行建设。著名的中山东路骑楼群采用"店宅分离型"模式进行建设，其特点是一层的店铺与楼上的住宅分离，体现了商业城市房地产开发的灵活性。建成以后，一楼均开商号，商贾云集，成为诏安县城商业最活跃的街区，并以其西洋风格建筑而令过往者注目。

天然楼屋面鸟瞰

天然楼

　　诏安"天然楼"又名芹圃楼，位于诏安县城县前街，系经营中药材的香港侨商吴天然（吴子芹）于 1930 年所建。吴天然邀请在香港的荷兰建筑设计师，按中、美、英、法、俄等国的建筑风格进行设计。建造用料考究，墙体采用贝灰、沙子、糯米浆糊砌成，而外墙、地面和室内的装饰材料则全由香港船运进口，共耗资 4 万元。该建筑是仿哥特式建筑，总高超过 30 米，建筑面积 600 多平方米，共有 4 层 17 个房间。外形将中国传统风格与西式现代风格融为一体，立面融合多种元素：彩色窗玻璃、花饰窗套、罗马风格石柱、欧式大阳台、灰雕花鸟等和谐并存。楼顶四周还分别建造了中国长城烽火台、美国的沃尔华斯大厦、英国的白金汉宫、俄罗斯的克里姆林宫和法国巴黎的埃菲尔铁塔等微缩建筑。新中国成立后，天然楼曾是诏安县人民政府临时办公楼，现为不可移动文物。

天然楼侧面透视

天然楼院门

天然楼院墙

天然楼一层入口

天然楼正面局部

天然楼立面细部一

天然楼立面细部二

天然楼细部组图

中山东路骑楼群

诏安最为典型的骑楼群主要分布在老城区的中山东路一带，沿街建设二至三层商住一体的骑楼建筑，底层为骑楼商业街，二层及以上为住宅。骑楼立面造型严谨划一，构造精良，门窗、立柱和阳台的造型统一，但又各具特色，既有西式建筑的柱廊、塔堡和窗饰，又有丰富的闽南传统元素点缀，形成独具风格的中西合璧历史建筑街区。

中山东路骑楼群垂直总图

中山东路骑楼群中轴鸟瞰

中山东路骑楼局部透视

中山东路骑楼局部透视组图

中山东路骑楼群局部鸟瞰

中山东路骑楼群沿街透视组图

隐庐透视

秀篆镇陈龙村隐庐

　　隐庐位于诏安县秀篆镇陈龙村，由同盟志士、旅泰爱国华侨游子光先生在民国二十七年（1938年）回乡修建。隐庐在风格上具有闽粤客家"庐居"楼墅的空间特色，同时杂糅了西洋风格建筑的先进技术和设计理念。低调又不失奢华的建筑，反映出鲜明的地域特征与时代印记。

　　隐庐坐东北朝西南，由四方形主楼和一字形的东侧边楼两部分组成，均为砖木与混凝土构筑的二层楼房。主楼面阔五间，前后共两落，中为天井，东西两侧设置耳房。楼内一二层部位设通廊使四周相连，结构上与客家方形土楼相同，具备了坚固安全的防御性特点，同时也兼顾了生活起居上的采光通风等要求。楼内光线充足，空间齐整有序，设计科学合理。隐庐外表波澜不惊、质朴纯真，实则内藏乾坤、中西合璧、精美考究。

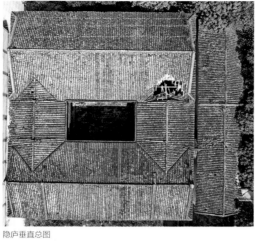

隐庐垂直总图

隐庐鸟瞰

隐庐正立面

隐庐侧面鸟瞰

隐庐入口

隐庐内部情景一

隐庐内部情景二

隐庐内部情景三

隐庐檐口局部

隐庐梁架一

隐庐梁架二

隐庐石柱础

隐庐内部情景三

隐庐内部情景四

隐庐内部情景五

隐庐木门扇

诏安县图书馆正立面

诏安县图书馆（旧政府红砖楼）

　　该建筑建于 20 世纪 60 年代初期，为苏式建筑风格，三层建筑，面积约为 2335 平方米。原为诏安县政府大楼，2004 年改建为县图书馆大楼。内设报纸阅览室、书刊阅览室、电子及政府信息公开查阅室、书库等。窗外绿树成荫，放眼望去，仿佛一片绿色海洋，令人心旷神怡。

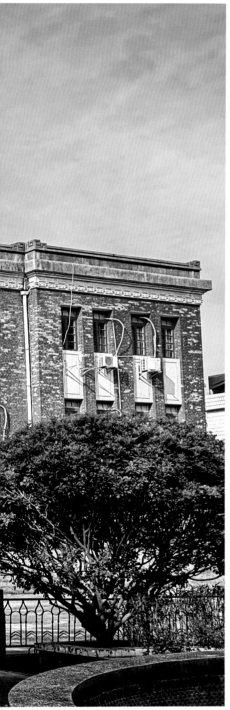

诏安县图书馆透视

诏安县图书馆立面装饰细部

诏安县图书馆鸟瞰

诏安县图书馆外墙局部

中山纪念堂鸟瞰

中山纪念堂

诏安中山纪念堂，建于 1930 年，位于南诏镇老城区内。建筑坐北朝南，面阔 18 米，进深 24 米，红砖圆顶，为混凝土结构。外观庄严肃穆，中间圆伞型塔顶，造型优美。正立面女儿墙中间用山花装饰，精致优美，并书写"中山纪念堂"。

中山纪念堂透视

中山纪念堂山花装饰

中山纪念堂窗花装饰

中山纪念堂外墙局部

中山纪念堂石墙基

六、诏安特色牌坊

　　牌坊，是古建筑中派生出的一种独具特色的建筑，其前身是从门的结构蜕变而成。牌坊作为文明传承的有效载体，主要设置在公共街区的路口和祠堂寺庙周边等处。

　　诏安老街区现存的明代石牌坊最为出名，每座牌坊各具特色：如"夺锦坊"保留了宋元时期圆形柱的建筑风格，斗拱既有承重功能，又有装饰效果；"天宠重褒坊"用料硕大，坊顶构件采用整块宽大厚重的石板，檐口镂刻筒瓦滴水；"百岁坊"把额枋设计成弯枋，视觉效果颇佳。

　　牌坊种类繁多，内容丰富，有功名坊、长寿坊、功德坊、标志坊和贞烈坊等，不同命名的牌坊代表不同的含义，它所释放出的独特文化信息，可以用于了解诏安自宋代以来社会经济文化发展的基本脉络，是重要的有形文化遗产。

天宠重褒坊檐口

天宠重褒坊圖额细部

天宠重褒坊

　　天宠重褒坊位于南诏镇东门街，建于明代万历十二年（1584年），东西朝向，花岗石仿木结构。通高9.5米，宽9.5米，单檐歇山顶加两坡，三层三间。上悬"恩荣"字匾，中镶镌刻"天宠重褒"坊匾，大额枋上署"为万历甲戌科进士沈铁父敕封南京户部主事沈玺立"（万历甲戌即1574年），两面文字均同。明间与次间顶部分别置鱼尾翘脊和卷云翘脊，梁坊雕饰有松鹤、莲瓣、花卉、云纹和水纹等图案。

　　该牌坊是沈铁为他的父亲沈玺申请建立的。沈铁致仕后，朝廷感念其尽职尽责，忠心耿耿，特旨奖赏，连带封赠他的父亲沈玺为南京户部主事。天宠重褒坊中的"重褒"由此得来，沈氏后人常以被"重褒"激励年轻一辈勤学苦读，奋发图强。

天宠重褒坊正立面

天宠重褒坊局部组图

冏卿赐典坊

冏卿赐典坊建于明万历十五年（1587年），东西朝向，花岗石仿木结构。通高9.6米，宽9.6米，单檐歇山顶加两坡，三层三间。上悬"恩荣"字匾，中镶镌刻"冏卿赐典"坊匾，大额枋上镌刻楷书"敕赠南京太仆寺寺丞胡清"。底层抱柱为石鼓、石狮，顶部斗拱为一斗三升式，雕饰有松鹤、花卉、云纹等图案。该坊是在"父子进士坊"建成后的第三年，胡士鳌不忘家族长辈的养育深恩，请求皇上允许为其已逝的祖父胡清建立的一座牌坊。现在，冏卿赐典坊与父子进士坊相距不远，彰显胡氏家风传承有序。

冏卿赐典坊局部组图

闷卿驰典坊透视

诰敕申毗坊鸟瞰

诰敕申毗坊局部

诰敕申毗坊

诰敕申毗坊位于南诏镇东门中街最西侧，建于明万历三十年（1602年），东西朝向，花岗石材料仿木结构。通高约9.6米，宽约9.5米，单檐歇山式加两坡，三层三间。上悬"恩荣"字匾，中镶镌刻"诰敕申毗坊"坊匾，额枋上署"为敕赠直大夫知县中知州沈一鲤立"。石柱底层为抱鼓，斗拱为一斗三升式，雕有松鹤、花卉、云纹等图案。

沈一鲤，是明隆庆元年（1567年）丁卯科举人、临江同知沈水之父。沈水曾任临江府同知，当官时恪尽职守。离任时，沈水向朝廷申请，恩请皇帝封赠父亲沈一鲤，以弥补长期在外当官，无法孝敬父亲之遗憾。明朝，皇帝赏赐大臣，顺带褒奖其长辈，将"以孝治天下"尊为"王道"。万历皇帝获知原委，立即指派官员建造该坊。

诰敕申眰坊正面透视

诰敕申毗坊侧面透视

诰敕申毗坊顶部构造

诰敕申毗坊局部组图

父子进士坊局部一

父子进士坊

　　父子进士坊建于明万历十三年（1585年），东西朝向，花岗石仿木结构。通高9.6米，宽9.6米，单檐歇山式加两坡，三层三间。上悬"恩荣"直写字匾（已失落），中镶镌刻"父子进士"坊匾，大额枋上镌"嘉靖丙辰科胡文万历丁丑科胡士鳌""万历十三年乙酉季冬吉旦立"，为楷书，两面文字相同。石柱底层为抱鼓、石狮，雕饰为松鹤、莲瓣、花卉、云纹等图案。斗拱为一斗三升式，小额枋上为青石雕饰。

　　该牌坊是朝廷为明嘉靖年进士胡文、万历年进士胡士鳌父子建立。该坊于1939年7月被日本飞机轰炸，损坏南侧一根石柱和中下梁一部分，部分雕刻件失落，主体及其余部分保存完好。

父子进士坊匾额

父子进士坊正立面

父子进士坊局部组图

父子进士坊局部二

夺锦坊正立面

夺锦坊

夺锦坊位于夺锦街，建于明代成化四年（1468 年）。坊坐北朝南，花岗石仿木结构，通高 5 米，宽 7.5 米，单檐歇山式加两坡，四柱三层三间。正面坊匾高 0.42 米，宽 0.84 米，题刻"夺锦"。额枋题刻"明成化戊子科许潜立"，背面刻"世科"两字，柱直径 0.44 米，柱头置大栌斗。建筑及雕刻粗犷，部分构件脱落，保存基本完好。

《诏安县志·建置志·坊表》载："夺锦坊，为明举人许潜、许判、许选立"。许潜系明成化四年（1468 年）戊子科举人，为诏安县明代首中举人者，其子许判系明正德二年（1507 年）丁卯科举人，其孙许选系明正德五年（1510 年）庚午科举人。"夺锦""世科"意即指此。

夺锦坊局部一　　　　夺锦坊鸟瞰

夺锦坊局部组图

百岁坊正立面

百岁坊

　　百岁坊位于南诏圣祖街北段，建于明万历八年（1580年），坐东朝西，花岗石仿木结构，四柱三层三间，高6.5米，宽8.8米，单檐歇山式加两坡。坊匾题刻东西两面同为楷书"百岁坊"，额枋题刻"明万历庚辰秋为冠带寿民沈仲选立"，坊上雕刻花卉等图案。据《诏安县志·人物》载："沈仲选，三都人。冠带寿民，寿一百岁。万历间有诏建坊旌其门。"

百岁坊顶部透视

百岁坊檐口

百岁坊匾额

百岁坊基座

百岁坊细部石雕

百岁坊透视

关帝坊透视

关帝坊正立面

关帝坊匾额

关帝坊细部

关帝坊

　　关帝坊建于明天启五年（1625年），清乾隆五十八年（1793年）重修。坊坐北朝南，花岗石仿木结构，三层一间，高5.5米，宽4米，单檐歇山式加两坡。正面坊匾楷书"关帝坊"，旁署"知诏安县事楚荆朱训南诏所印张绳武同立"。大额枋上署"天启五年乙丑孟冬吉旦立"，右边石柱镌书"庙坊因风雨损坏乾隆五十八年四月日监生黄廷举捐修"。坊匾背面楷书"正气行在"，保存完好。

　　当时诏安当地官员建造关帝坊，本质上是推崇关公高尚的人格。现如今，"关帝"作为正人君子的典范，大丈夫风范的标杆，其忠义精神、神武气概为后人所敬仰。

节孝坊

节孝坊位于南诏镇县前街，俗称十字街处，建于清乾隆四十四年（1779年），为已故勇士洪生之妻许氏所立。乾隆年间，台湾"番民"叛乱，史称"土番之变"。许氏丈夫洪生被派往台湾，在一场战斗中以身殉职。根据明清制定的律法，妇女可以在特定条件下改嫁。但许氏面对街坊邻居等好心人规劝，并不为此动心，独自挑起生活的重担，含辛茹苦，把孩子抚养成人。许氏死后，地方官员奏请朝廷，准建节孝坊。

该坊风格与众不同，两柱一门，面阔一间，柱刻楹联一副，通高5米。顶部为单檐歇山顶式，三层。其独特之处在于不同于其他牌坊立在路的正中，这座坊侧立在路的一边。它也曾因此被直接当作一道门嵌入民居中。

节孝坊正立面

节孝坊顶部透视 　　　　　节孝坊基座

节孝坊透视

下篇

地域建筑特色

社会环境、地理位置和文化都在一定程度上影响着地域建筑的特色。诏安地处闽粤交汇处，两地的地理特征、人文环境等十分相近。悠久的历史与多元文化的融合，使诏安传统建筑既延续了闽南传统建筑的特色，同时也吸收了潮汕地区华丽轻巧的装饰风格，其装饰内容主要是彩画、雕刻、剪贴等装饰工艺的综合施用。

诏安传统建筑延续闽南传统建筑的形制格局，以"下山虎"（又称爬狮）、"四点金"为基本形制，再组合演变出多院落大厝。

剪瓷雕是诏安当地极具特色的一门建筑细部装饰工艺，主要用于寺庙、宗祠的屋脊之上。它是集雕塑、陶瓷、绘画、戏剧等多种艺术门类于一体的综合造型艺术，其精湛的工艺和特殊的艺术表现具有独树一帜的地域性特征。传统手工艺者将破损、毁坏的瓷片进行再利用，通过剪贴、镶嵌等技法装饰于建筑细部，变废为宝。工匠在选材、造型、用色上自由发挥，且剪贴装饰可以随着兴致捏塑粘贴，因此每件作品不尽相同，不存在普通陶制品千篇一律的缺点，并可长年经受日晒雨淋、海碱侵袭而不褪色。

屋顶延续闽南传统风格，多为双向曲线屋顶，即屋面是曲线，屋脊也是曲线。屋顶样式多为悬山、硬山搭配燕尾脊、马鞍脊形式。硬山屋顶可有效减轻台风侵袭带来的破坏，常见的还有在瓦上压砖块或石块以加强屋瓦的整体稳固性。

当地传统建筑外墙大多采用夯土砌筑，故悬山屋顶出挑较多，以保护外墙免受雨水冲刷。山墙通过不同的造型和装饰进行美化，提升了传统建筑整体立面的艺术效果。

一、传统建筑平面布局

　　诏安传统建筑是闽南传统建筑的一个分支，其平面布局兼具闽南、潮汕两地传统建筑格局的特征，最基本的形式是"下山虎"（又称爬狮）和"四点金"。这两种基本单元布局可以根据地形往横向或纵向扩展，组合演变成中、大型的多院落民居。

　　上述基本建筑布局适应当地炎热潮湿的气候，这种以天井为中心结合开敞的厅堂和走道而构成通透的建筑内部布局，有利于采光通风及内部的互相联系。特别是大型建筑的主座采光、通风都靠中间的天井来获得。两侧的护厝与主座的山墙之间形成的窄长的侧天井空间也为内部的通风、采光提供了有利条件。

　　诏安传统建筑的天井面积一般不大，多是二三十平方米，大的也极少有超过百平方米的。常见在天井内摆放花木、莲缸等，既能点缀空间，也有利于调节室内温度。

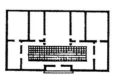

"下山虎"布局

在诏安当地，三合院被称为"下山虎"或"爬狮"，是诏安传统建筑平面布局的基本构成单位。常见正屋三开间，中为正厅，两侧各为大房与后房。正厅前为天井，天井两侧各为榉头或廊，分别与大房相连。

"四点金"布局

　　"四点金"是一种四合院形式，也是诏安当地传统建筑平面布局的基本构成单位。以"前厅—天井—主厅"为中轴线，因前厅和主厅两旁各有一间形如"金"字的房间压角而得名。它的最大特点是以天井为中心，上下左右四厅相向，形成一个十字轴空间结构，整个平面布局构成与九宫格形式类似。

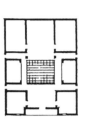

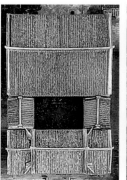

多院落布局

　　随着社会发展，家族人口日益增多，人们需要将原有的居住空间进行扩建。"下山虎"和"四点金"这两种基本单元布局可以根据地形往横向或纵向扩展，组合演变成多院落的中、大型民居。

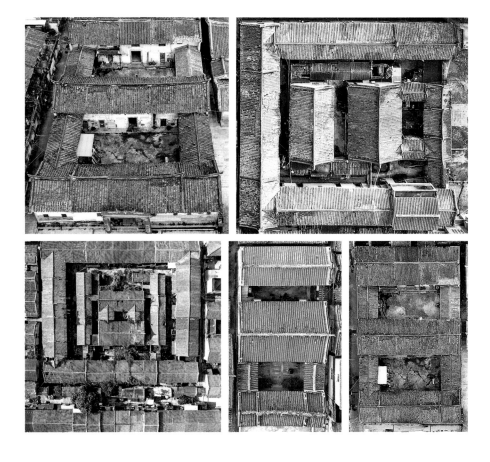

二、特色山墙

山墙的作用主要是与相邻的建筑隔开和防火。诏安传统建筑山墙除了上述作用，亦可减小台风侵袭所带来的影响。山墙厚重敦实，将建筑其他部分包裹在内，可以抵御风灾。形式上多为马背山墙和人字形山墙，造型各有特色。

诏安传统建筑多采用硬山样式建造。山墙的特色主要集中在山墙顶部的墙头部位，其装饰在传统民居中是较为讲究的，处理手法也非常丰富。墙头造型有金、木、水、火、土五种常见形式，主要采用灰泥塑花纹、贴嵌彩色瓷片等进行装饰。墙头压顶，通常用几层凹凸的线条叠加而成，可增加阴影变化以加强轮廓线。墙头压顶下面的博风则采用深灰色彩勾勒出装饰色带，使得建筑物的外形轮廓更加立体生动。

马背山墙

人字形山墙

三、屋顶及其细部装饰

  诏安传统建筑屋顶多为悬山、硬山搭配燕尾脊、马鞍脊等形式。燕尾脊屋顶主要用于庙宇宗祠或等级较高的大厝，马鞍脊屋顶则常用于普通民居。屋瓦常见筒瓦和板瓦等形式，筒瓦多用于官式建筑，板瓦则普遍用于民居建筑。从屋瓦色彩上看，红瓦和灰瓦在诏安境内是并存的，且呈现出西北片山区以灰瓦为主，东南沿海平原红瓦偏多的分布特征。

  当地传统建筑屋顶有这么一个特点"深檐长翘"，即出檐深，屋脊起翘厉害。这种屋顶曲线翘角的美与自然环境融为一体，使建筑看起来好似从地下自然生长而来。出挑深远的屋檐，又使建筑看上去轻盈灵活。屋面顶部高耸，两端弯弯翘起的脊角优美动人，形成大弧度曲线的组合，构成丰富的天际轮廓线。

传统屋顶样式及细部

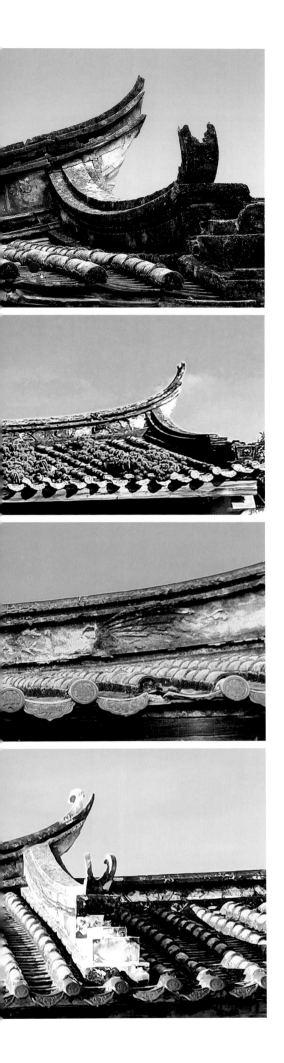

剪贴装饰

　　"屋顶有戏出"是闽南民间流传至今的一句俚语，广东潮汕人也常说"厝角头有戏出"。这些所谓的"戏出"指的就是传统建筑屋脊上用剪瓷雕工艺制作而成的戏剧人物造型。剪瓷雕是诏安当地常见的一门建筑装饰工艺，主要用于寺庙、宗祠的屋脊之上。它是集雕塑、陶瓷、绘画、戏剧等多种艺术门类于一体的综合造型艺术。

四、木雕工艺

　　木雕是诏安传统建筑主要的装饰技法之一，常用于雕饰门帽、外檐、梁架、托架、梁头垂花、雀替、门窗、隔扇等部位。建筑的细部和构件收口及交接处等部位往往较难处理，通过繁复精巧的木雕装饰，既可体现工艺之美，又能修饰构件衔接难以处理的细部。

　　根据不同的装饰部位、不同的装饰题材，木雕构件可选用不同的工艺做法：屋架等较高远的部位，常采用通雕；在栏杆、飞罩等处则施用镂空雕法；屏风、门扇、梁头等处多采用浮雕、暗雕等技法。其中最为精彩的部位当属梁枋、雀替等构件上的木雕，该处的雕刻极其精细，甚至近于繁缛，其雕刻技艺达到很高水平。雕刻题材常见鳌鱼、龙凤、花草、飞仙、力士、螭虎等，一般雕彩结合，有雕刻必有彩绘，呈现出独具魅力的地域特色。

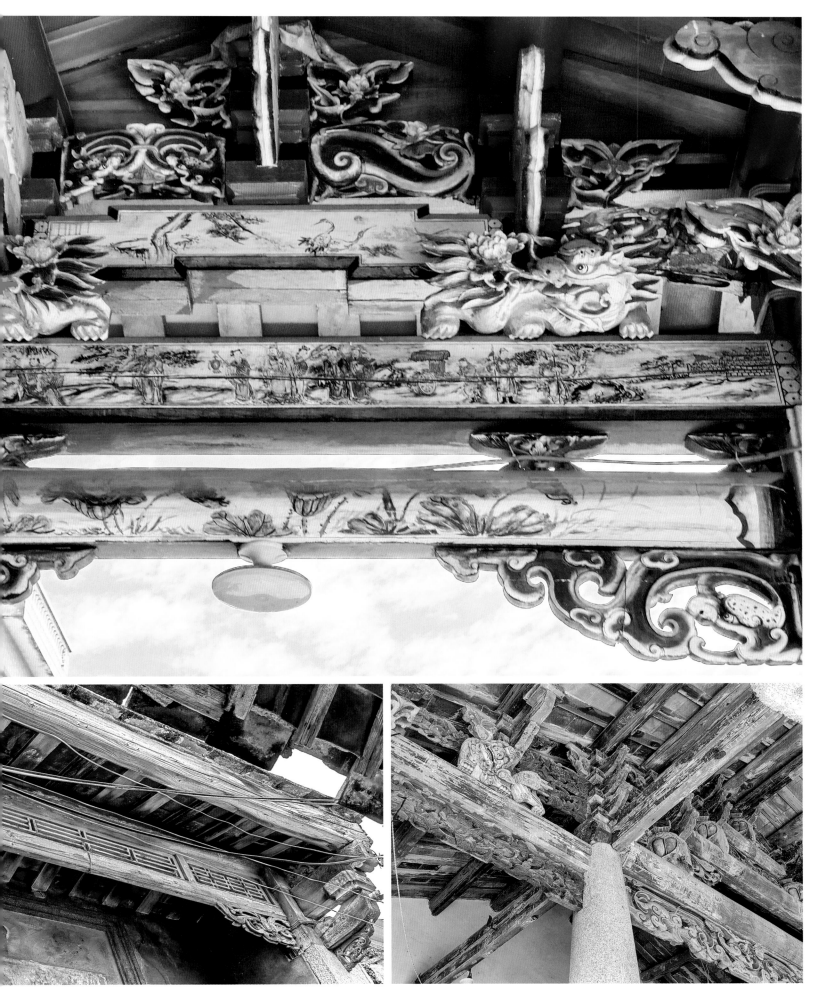

五、石造工艺

    诏安地处闽粤交界的沿海地带，气候湿热，海风的侵袭使得木结构建筑易受腐蚀损坏。石材质地坚硬，经久耐磨，又能防水防潮，在当地常作为建筑中需防潮和受力处的构件，如墙裙、柱础、承重柱、门枕石等。

    诏安传统建筑常采用的石雕工艺为圆雕、浮雕、线雕等。圆雕是立体的雕刻品，其工艺以镂空技法见长。圆雕种类繁多，在建筑上常见的有龙柱、石将军、石狮和飞禽走兽等构件。浮雕是半立体的雕刻品，其雕刻技法与圆雕基本相同，主要用于建筑的柜台脚、门楣、门簪、门枕石等部位的装饰，题材有飞禽走兽、花鸟鱼虫、山水风光、历史人物等。线雕是在平滑光洁的石料上，描出各种线条及装饰图案，再按照所描内容，平整光滑地雕刻出作品。线雕的线条明朗、图案清晰，具有很强的装饰性，大多用于建筑外墙面等部位的装饰。

石雕壁饰

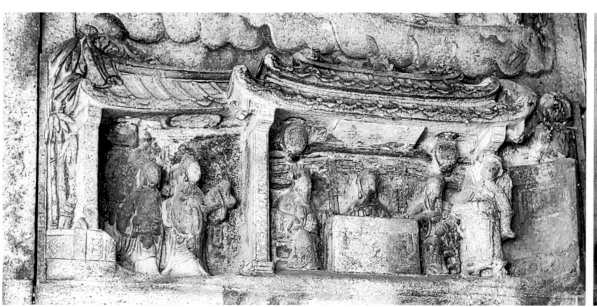

柜台脚

石柱础

石挑梁

石造大门

石拱门

门枕石

抱鼓石

附　录

诏安县不可移动文物古建筑

级别	序号	名称	年代	地址
全国重点文物保护单位	1	歪嘴寨闽粤边区乌山游击队指挥部旧址	近代	金星乡湖内村
省级文物保护单位	1	七贤庵	清	梅洲乡梅山村
	2	长田义士祖祠	明	金星乡湖内村
	3	悬钟所城墙	明	梅岭镇南门村
	4	南诏许氏家庙	明	南诏镇城内社区
	5	南诏沈氏家庙（五一沈氏大宗祠缵保堂）	清	南诏镇五一村
	6	东城明宪祖祠	清	南诏镇东城村
	7	南诏东岳庙	清	南诏镇东关社区
	8	诏安城隍庙	明	南诏镇西门社区
	9	南诏镇明代石牌坊群（七座）	明	南诏镇西门圣祖街
	10	诏安文昌宫	清	南诏镇城内社区
	11	分水关功覃闽粤坊	明	深桥镇上营村
	12	山河震山祖祠	清	西潭镇山河村
	13	岑头威惠庙	明	西潭镇岑头村
	14	龙潭家庙（陈龙盛衍堂）	明	秀篆镇陈龙村
	15	中共云和诏县委旧址（月港事件纪念馆）	近代	建设乡月港村
	16	中共闽南地委机关旧址东埔乌山三角洞	近代	红星乡东埔村
	17	林畲中共闽粤边特委机关旧址	近代	官陂镇林畲村
	18	五通宫	明	霞葛镇五通村
县级文物保护单位	1	仙陂（梅洲仙陂）	宋	梅洲乡梅溪村
	2	福善庵（梅南福善庵）	明	梅洲乡梅南村
	3	梅洲城堡	明	梅洲乡梅洲村
	4	英济宫（梅北英济宫）	明	梅洲乡梅北村
	5	明香寺（东径明香寺旧址）	宋	梅洲乡东径村
	6	梅洲大宗祠（吴大成祖庙）	明	梅洲乡梅溪村
	7	雄狮寺	清	梅洲乡梅北村红竹山南麓
	8	慈灵庵（梅洲慈灵庵）	清	梅洲乡梅洲村
	9	庙西郑柔祖祠	宋	梅洲乡梅山村庙西自然村
	10	柚柑岭佛祖庵（土地庙）	清	梅洲乡梅州华侨农场农工作业区
县级文物保护单位	11	碧莲寺（田美碧莲寺）	明	四都镇田美村
	12	天悬居中寺（上湖天悬居中寺）	明	四都镇上湖村
	13	东峤张贞宅	民国	四都镇东峤村
	14	东峤张氏宗祠	清	四都镇东峤村
	15	东峤张式玉宅	民国	四都镇东峤村
	16	上湖关帝庙	清	四都镇上湖村
	17	霞美庙胡公书院	清	四都镇田美村霞美自然村
	18	后港李氏大宗祠	明	四都镇后港村中部
	19	九侯山（湖内九侯禅寺，摩崖石刻）	宋	四都镇金星乡湖内村
	20	田朴中寨郑氏祖祠	明	金星乡田朴村
	21	茂林楼大夫家庙	明	金星乡湖内村
	22	祥麟塔（腊洲祥麟塔）	清	梅岭镇腊洲村
	23	古烟墩（东门古烟墩）	明	梅岭镇东门村
	24	龙湫庙（田厝龙湫庙）	明	梅岭镇田厝村
	25	湄洲行宫（霞河湄洲行宫）	明	梅岭镇霞河村后厝自然村
	26	宫口天后宫	明	梅岭镇宫口村
	27	东门外城墙-石塔	明	梅岭镇东门村悬钟古城东约200米处
	28	南门胜澳天妃宫	清	梅岭镇南门村悬钟古城外
	29	临江亭（甲洲临江亭）	清	桥东镇甲洲村
	30	广南桥	明	桥东镇桥头村
	31	报国寺（内凤报国寺凤山庵）	明	桥东镇内凤村
	32	碧霞元君庙（泰山妈庙）	明	桥东镇东沈村双屏山麓
	33	仙塘城堡	明	桥东镇仙塘村
	34	朝天祖宫（溪雅朝天祖宫）	清	桥东镇溪雅村
	35	保林寺（含英保林寺）	明	桥东镇含英村
	36	仙峰屏翰（仙塘妈祖庙）	明	桥东镇仙塘村
	37	龙桥祖祠	清	桥东镇西沈村
	38	西浒大夫家庙	明	桥东镇西浒村城内甲社
	39	西浒沈氏宗祠（追远堂）	明	桥东镇西浒村城内甲社
	40	西沈七圣宫	明	桥东镇西沈村
	41	含英东城、西城古城堡	明	桥东镇含英村
	42	怀恩古井（西门怀恩古井）	唐	南诏镇西门社区

级别	序号	名称	年代	地址	级别	序号	名称	年代	地址
	43	武庙（西门武庙）	明	南诏镇西门社区		73	六街林氏家庙（思成堂）	明	南诏镇六街三民北路中段
	44	朝天宫（南关朝天宫）	明	南诏镇南关社区		74	南山寺	明	深桥镇大美村、溪园村、寨口村
	45	青云寺（西门青云寺旧址）	明	南诏镇西门社区		75	灵惠庙（仕江灵惠庙）	明	深桥镇仕江村
	46	慈云寺（北关慈云寺）	明	南诏镇北关社区		76	追远堂（华表叶氏家庙）	清	深桥镇华表村
	47	护济宫（北关护济宫）	明	南诏镇北关社区		77	叶观海故居（上营叶观海故居）	清	深桥镇上营村
	48	烈士墓（诏安烈士墓）	现代	南诏镇文峰社区		78	三通圣王庙及宝桥庵	明	深桥镇华表村
	49	真君庙（北关真君庙）	明	南诏镇北关社区		79	仕江沈向奎故居	民国	深桥镇仕江村
	50	玄天上帝宫（东关玄天上帝宫）	明	南诏镇东关社区		80	沈氏家庙崇缋堂	清	深桥镇仕江村
	51	澹园寺（澹园寺旧址）	明	南诏镇澹园社区		81	仕江武德侯庙（祀先堂）	明	深桥镇仕江村
	52	功臣庙（东城功臣庙）	明	南诏镇东城社区		82	仕江宝林祖祠（思敬堂）	明	深桥镇仕江村
	53	灵侯庙（东门灵侯庙）	明	南诏镇东门社区		83	赤水溪碧溪祖祠	清	深桥镇水溪村
	54	西觉寺（西门西岳武庙）	明	南诏镇西门社区		84	上营叶健腾进士墓	清	深桥镇上营村
	55	中山纪念堂（西门中山纪念堂）	民国	南诏镇西门社区		85	斗山岩（潭东斗山寺）	明	西潭镇潭东村
	56	威惠王庙（开漳王庙）	明	南诏镇城内社区		86	西潭大庙（潭光西潭大庙）	明	西潭镇潭光村
县级文物保护单位	57	陈元光纪念馆（西门陈元光纪念馆）	清	南诏镇西门社区	县级文物保护单位	87	后溪庙（后陈后溪庙）	明	西潭镇后陈村
	58	孙氏家庙宝田堂	清	南诏镇北关社区		88	山河土楼祠堂群（八座）	清	西潭镇山河村中部
	59	杨氏家庙（杨厝杨氏家庙）	清	南诏镇东关社区		89	福兴西湖楼硕兴寨	清	西潭镇福兴村硕兴寨自然村
	60	梅峰普庵	清	南诏镇梅峰村普庵自然村		90	岑头蔡氏家庙	清	西潭镇岑头村
	61	沈氏家庙桔林祖祠（东城沈氏家庙桔林祖祠）	清	南诏镇东城社区		91	美营布衣伟烈（供诏祠）	明	西潭镇美营村
	62	西门吴氏大宗	清	南诏镇西门社区		92	塘西慈云院	宋	白洋乡塘西村
	63	徐余涂聚德堂	明	南诏镇西门社区		93	节孝坊	清	白洋乡白石村
	64	郭氏宗祠（东门郭氏宗祠）	清	南诏镇东门社区		94	白石庵	明	白洋乡白石村
	65	郑氏宗祠郑成功纪念馆	明	南诏镇东门社区		95	汀洋土楼	清	白洋乡汀洋村
	66	沈氏家庙顺庆堂	清	南诏镇东门社区		96	汀洋迴澜亭	清	白洋乡汀洋村
	67	黄道周纪念馆	清	南诏镇城内社区		97	上蕴祥云楼	明	白洋乡上蕴村
	68	七街百岁祠	清	南诏镇七街百岁祠巷（东北社区）		98	金马台塔（河美金马台塔）	明	秀篆镇河美村
	69	七街杨氏祖庙	清	南诏镇长兴街朱厝路口（东北社区）		99	红九团与潮澄饶红三大队会合旧址（乾东红九团与游击队会师旧址）	民国	秀篆镇乾东村
	70	七街朱氏祖祠	清	南诏镇长兴街朱厝路口（东北社区）		100	泰山寺（陈龙泰山寺）	明	秀篆镇陈龙村
	71	玉墩头良峰福德公妈庙	清	南诏镇梅峰村玉墩头自然村良峰山北侧		101	堀龙隘门宫	清	秀篆镇堀龙村
	72	七街许氏家庙（垂德堂）	明	南诏镇七街百岁祠巷（东北社区）					

级别	序号	名称	年代	地址	级别	序号	名称	年代	地址
县级文物保护单位	102	焕塘开元寺	清	秀篆镇焕塘村	县级文物保护单位	115	万古庙（下官万古庙）	明	官陂镇下官村
	103	顶坑拱北楼	清	秀篆镇顶安村顶坑自然村		116	溪口楼（新坎溪口楼、新坎水阁亭、永保亭）	清	官陂镇新坎村
	104	坪路陈氏宗祠（永福堂）	明	建设乡坪路村		117	龙光庵（大边龙光庵）	明	官陂镇大边村
	105	坪路龙兴庙	明	建设乡坪路村		118	天覆宫（北坑天覆宫）	清	官陂镇北坑村
	106	明灯寺（大布明灯寺）	明	太平镇大布村		119	张氏大宗（光亮张氏大宗张廖祖祠）	清	官陂镇光亮村
	107	景坑水吼庵	清	太平镇景坑村		120	光坪霞阳楼	清	官陂镇光坪村霞阳楼自然村
	108	科下沈福文故居	清	太平镇科下村		121	光坪龙田楼	清	官陂镇光坪村田美楼自然村
	109	走马徐氏家庙	清	太平镇走马村		122	中共闽粤边工作委员会	明	霞葛镇南陂厚安村
	110	后到妈祖庙	清	太平镇走马村后到自然村		123	龙山书社（南陂龙山书社）	明	霞葛镇南陂村
	111	白叶峰山庵	清	太平镇白叶村山下自然村		124	镇龙庵（庄溪镇龙庵）	明	霞葛镇庄溪村庄尾自然村
	112	下河劲节凌霜坊	清	红星乡下河作业区		125	五通陂	明	霞葛镇五通村
	113	中国工农红军第十一军十六师四十八团驻地（马坑中国工农红军第十一军十六师四十八团驻地）	民国	官陂镇马坑村楼仔自然村		126	金环塔（坑河金环塔）	明	霞葛镇坑河村楼下自然村
						127	五通黄氏大宗祠	清	霞葛镇五通村
	114	在田楼（大边在田楼）	清	官陂镇大边村		128	绍兴毓兴堂	清	霞葛镇天桥村绍兴自然村

诏安县传统聚落名单

荣誉	传统聚落
福建省历史文化街区	诏安县前街—东门中街—中山东路
福建省历史文化名村	深桥镇仕江村
	桥东镇西沈村－西浒村
	金星乡湖内村
	西潭镇山河村
中国传统村落	金星乡湖内村
	西潭镇山河村
福建省传统村落	官陂镇大边村
	官陂镇凤狮村
	四都镇西梧村
	霞葛镇司下村
	西潭镇新春村

参考文献

[1] 黄汉明 . 福建土楼：中国传统民居的瑰宝 [M]. 北京：生活・读书・新知三联书店 ,2009.

[2] 戴志坚 . 福建民居 [M]. 北京：中国建筑工业出版社 ,2009.

[3] 戴志坚 . 闽海民系民居建筑与文化研究 [M]. 北京：中国建筑工业出版社 ,2003.

[4] 曹春平 . 闽南传统建筑 [M]. 厦门：厦门大学出版社 ,2016.

[5] 陈支平 . 福建历史文化简明读本 [M]. 厦门：厦门大学出版社 ,2013.

[6] 杨莽华，马全宝，姚洪峰 . 闽南民居传统营造技艺 [M]. 合肥：安徽科学技术出版社 ,2012.

[7] 闵梦得 . 漳州府志 [M]. 厦门：厦门大学出版社 ,2012.

[8] 诏安县地方志编纂委员会 . 诏安县志 [M]. 北京：方志出版社，1999.

[9] 戴志坚 . 地域文化与福建传统民居分类法 [J]. 新建筑 ,2000 (2):21-24.

[10] 陈建标 . 漳州诏安明代牌坊调查 [J]. 福建文博 ,2009(2):26-31.

[11] 许渊彪 . 别具特色的诏安土楼——在田楼和半月楼 [J]. 福建党史月刊 ,2010(24):44-45.

[12] 李艳 . 闽南历史古街区传统建筑特色探析——以福建诏安为例 [J]. 龙岩学院学报 ,2022(5):62-67，128.

[13] 刘怿 . 潮汕传统民居的生态地域性简析 [J]. 艺术科技 ,2014(2):17-18.

[14] 陈志宏 . 闽南侨乡近代地域性建筑研究 [D]. 天津：天津大学 ,2005.

[15] 王绍森 . 当代闽南建筑的地域性表达研究 [D]. 广州：华南理工大学，2010.

[16] 黄诗贤 . 基于文化地理学的漳州地区传统村落及民居研究 [D]. 广州：华南理工大学 ,2018.

[17] 闫峥 . 鼓浪屿近代建筑营造技艺研究 [D]. 北京：北方工业大学 ,2018.

[18] 刘建 . 泉州沿海传统民居砌体外墙样式研究 [D]. 泉州：华侨大学 ,2021.

[19] 郭希彦 . 屋顶有戏出 [D]. 福州：福建师范大学 ,2021.

后记

POSTSCRIPT

在福建各县区中，位于闽粤交界处的诏安县具有独特的传统建筑文化。在本书编写过程中，编写组对诏安县全域及周边地区进行了长达两年的持续性调研，踏遍诏安城区与广大乡镇进行了翔实调研。编写组根据诏安特殊地理位置，深入研究当地传统建筑文化，力图全面反映诏安这一兼容闽南与客家文化、具有潮汕特色、体现近代海洋文明的多元地域建筑文化，希望通过所呈现的数千幅精选照片及文字，为读者讲述诏安县丰富多彩的传统聚落和建筑文化，记录下这段别具特色的地方建筑历史，并为当地新地域性建筑设计提供借鉴。

通过两年的实地调研，编写组对诏安县地形地貌、人文、气候以及传统建筑类型有了更为深刻的了解，追根溯源，梳理了诏安县内多种类型传统建筑的分布规律和由来。根据以往经验，一般认为诏安县内同时存在闽南传统建筑和客家土楼两大类型传统建筑，但并未对其进行详细的区域划分，分析其演变过程。本书力图改善以上状况，在概述部分解析中原文化、客家文化、海洋文化等对当地传统建筑的影响，并明确划分出不同传统建筑相对准确的分布区域。根据诏安县地形地貌和传统建筑风格，将其由西北到东南，划分为三大区域：西北片山区（主要为客家土楼）、中部片区（闽、客传统建筑过渡区）、东南片平原及滨海地带（主要为兼容潮汕风格的闽南传统建筑）。在三大主要传统风貌片区的基础上，外加近代大批闽籍华侨赴南洋谋生，引入的南洋建筑风格与当地的闽南传统建筑风格相融合，诏安沿海片区出现了中西合璧的近代洋楼建筑。本书内容按以上梳理的脉络进行编排，条理清晰，旨在为读者构建诏安传统建筑的全面立体认知。

在本书即将付梓之际，特别感谢诏安县住房和城乡建设局沈淮桂局长的大力支持，感谢村建站蓝勇平站长热情安排考察，提供材料线索，带领编写组考察传统村落。编写组考察期间还得到各级乡镇干部、民间热心人士的支持，特别是各乡镇的村建站负责人及村领导带队考察并对建筑的相关情况做了详细介绍，在此一并感谢。

地方传统建筑是城乡历史的见证者，它承载着特定地域的文化积淀和珍贵历史信息，同时也是新地域建筑设计和艺术创作的重要灵感来源，具有无可替代的多重价值。近年来，国家正在不断加强对地方传统建筑的保护。编写组希望本书能起到抛砖引玉的作用，普及传统建筑存在的意义，提高大众保护传统建筑的意识。本书在编写过程中难免存在不足之处，望广大读者不吝赐教。

本书编写组

2024 年 5 月